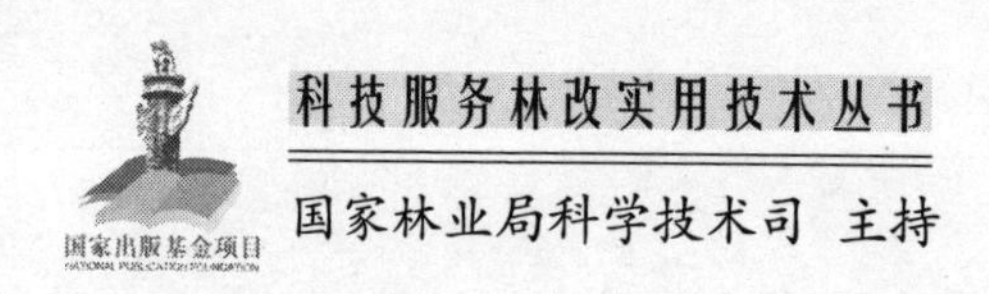

科技服务林改实用技术丛书

国家林业局科学技术司 主持

红松丰产栽培技术问答

刘桂丰 主编

中国林业出版社

图书在版编目(CIP)数据

红松丰产栽培技术问答 / 刘桂丰主编. —北京：
中国林业出版社，2010.11
(科技服务林改实用技术丛书)
ISBN 978-7-5038-5986-1

Ⅰ. ①红… Ⅱ. ①刘… Ⅲ. ①红松-栽培-问答
Ⅳ. ①S791.247-44

中国版本图书馆 CIP 数据核字（2010）第 218994 号

责任编辑：刘家玲 张 锴

出 版：中国林业出版社（100009 北京西城区德内大街刘海胡同 7 号）
E-mail：wildlife_cfph@163.com 电话：（010）83225764
发 行：新华书店北京发行所
印 刷：三河祥达印装厂
版 次：2010 年 11 月第 1 版
印 次：2010 年 11 月第 1 次
开 本：850mm×1168mm 1/32
印 张：3.5
字 数：95 千字
印 数：5000 册
定 价：10.00 元

"科技服务林改实用技术"丛书

编辑委员会

《红松丰产栽培技术问答》

序

我国山区面积占国土面积的69%，山区人口占全国人口的56%，全国76%的贫困人口分布在山区，山区农民脱贫致富已成为建设社会主义新农村的重点和难点。

山区发展，潜力在山，希望在林。全国43亿亩林业用地和4万多个高等物种主要分布在山区。对林地和物种的有效开发利用，既可以获得巨大的生态效益，又可以获得巨大的经济效益。特别是随着经济社会的快速发展和消费结构的变化，林产品以天然绿色的优势备受人们青睐，人们对林产品的需求急剧增长，林产品市场价值不断提升。加快林业发展，发挥山区的优势与潜力，对于促进山区农民脱贫致富，破解“三农”难题，推进新农村建设，建设生态文明，具有十分重大的战略意义。

我国林业蕴藏的巨大潜力之所以长期没有充分发挥出来，重要原因在于经营管理粗放、科技含量低。当前，世界林业发达国家的林业科技贡献率已高达70%～80%，而我国林业科技贡献率仅35.4%。特别是我国林业科技推广工作相对薄弱，大量林业科技成果未被广大林农掌握。加强林业科技推广，把科学技术真正送到广大林农手里，切实运用到具体实践中，已经成为转变林业发展方式、提高林地产出率、增加农民收入的紧迫任务。

实践证明，许多林业科技成果特别是林业实用技术具有易操作、见效快的特点，一旦被林农掌握，就会变成现实生产力，显著提高林产品产量，显著增加林农收入，深受广大林农群众的欢迎。浙江省安吉市的农民在种植竹笋时，通过砻糠覆盖技术，既提早了竹笋上市时间，又提高了竹笋品质，还延长了销售周期，使农民收入大幅增加。我国的油茶过去由于品种老化、经营粗放等原因，每亩产量只有3~5千克，近年来通过推广新品种和新技术，每亩产量提高到30~50千克，效益提高了10倍。据统计，目前我国林业科技成果已有5 000多项，但在较大范围内推广应用的不多。如果将这些林业科技成果推广应用到生产实践中，必将释放出林业的巨大潜力，产生显著的经济效益，为林农群众开拓出更多更好的致富门路。

近年来，国家林业局科学技术司坚持为林农提供高效优质科技服务的宗旨，开展送科技下乡等一系列活动，取得了显著成效。为适应集体林权制度改革的新形势，满足广大林农对林业科技的需求，他们又组织专家编写了“科技服务林改实用技术”丛书，这是一件大好事。这套丛书以实用技术为主，收录了主要用材林、经济林、花卉、竹子、珍贵树种、能源树种的栽培管理以及重大病虫害防治技术。丛书图文并茂、深入浅出、通俗易懂、易于操作，将成为广大林农和基层林业技术人员的得力帮手。

做好林业实用技术推广工作意义重大。希望林业科技部门不断总结经验，紧密围绕林农群众关心的科技问题，继续加强研究和推广工作；希望广大林业科技工作者和科技推广人员，增强全心全意为林农群众服务的责任心和使命感，锐意进取，埋头苦干，不断扩大科技推广成果；希望广大林农群众树立相信科技、依靠科技的意识，努力学科技、用科技，不断提高科技素质，不断增强依靠科技发家致富的本领。我相信，通过各方面共同努力，林业实用技术一定能够发挥独特作用，一定能够为山区经济发展、社会主义新农村建设做出更大贡献。

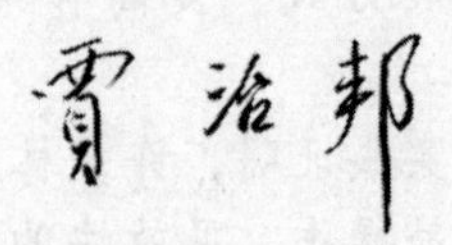

2010年7月

前言

红松（*Pinus koraiensis* Sieb. et Zucc.）是松科松属的常绿树种，在我国主要分布于小兴安岭、长白山林区。其个体高大，树干圆满通直，在生长条件适宜的地方，树高可达40米，胸径达2米，寿命长达500年左右。红松材质优良、纹理通直，抗压力、耐朽力强，工艺价值高。木材可做建筑、航空、桥梁和车船材。红松结实丰富，种粒大，含油量高（多达70%左右），是一种营养价值很高的木本油料。富含树脂，可采脂，树皮可提取单宁，松针可加工松针粉，它可为人与牲畜提供丰富维生素，也可提取松针油。针叶、小枝和芽能够分泌大量植物杀菌素。因此，红松是国民经济建设中应用十分广泛的主要珍贵用材树种，也是生态保护、城乡园林绿化的优良树种，又是经济价值很高的木本粮油树种。

当前，随着集体林权的实施，建立了“山有其主、主有其权、权有其责、责有其利”的经营管理新机制。广大林农通过发展林业产业实现增收致富的积极性空前高涨，在东北林区对红松等树种经营的实用技术需求日益强烈。为了满足广大林农和林业经营者对林业科技的迫切需求，编写了《红松丰产栽培技术问答》一书。

该书主要内容的绪论、红松育种由刘桂丰、赵光仪、张海廷编写；红松种子经营、苗木培育由赵肯田、李慧玉、高彩球编写；用材林培育由赵肯田、李慧玉编写；坚果林培育由张海廷、高彩球编写；病害防治由何秉章编写；虫害防治由曹传旺编写。虽然我们对本书做了最大努力，但不足之处在所难免，望广大读者同仁指正。

编著者

2010 年 8 月

目 录

第一章 绪 论

1. 红松的分类

红松（*Pinus koraiensis* Sieb. et Zucc.）又名果松、海松，属于松科松亚科松属 *Pinus* L. 单维管束松亚属的五针松组，是松科松属的常绿乔木，为我国重要的珍贵用材树种。根据红松针叶、树皮的颜色和粗细程度，可分为粗皮型（*P. koraiensis* f. *pachidermis*）和细皮型（*P. koraiensis* f. *leptodermis*）（表1）。

表1 红松粗皮型和细皮型的特征

类 型	针叶区别	树皮区别
粗皮型	针叶深绿或暗绿色，较粗壮	树皮粗厚、暗灰褐色，呈长块状大开裂。纹深、横裂较明显
细皮型	针叶鲜绿或草绿色，较细软	树皮光而薄、暗灰红褐色，呈鳞片或窄条状开裂、纹浅、横裂不明显

2. 红松的分布

红松的分布包括中国东北部、朝鲜半岛和俄罗斯远东南部的连续分布以及日本本州和四国的间断分布（图1）。红松分布区的北界在俄罗斯远东沿黑龙江下游的郭林河口（北纬52°）；最东界在俄罗斯远东沿海边区瓦尼诺附近图姆尼河口（约东经140°20′）；最南界在日本四国的爱媛县东赤石山（北纬33°50′）；西北界在中国黑龙江省黑河市胜山林场（北纬49°28′，东经126°40′）；西南界在中国辽宁省的抚顺、本溪一带（约北纬41°20′，东经124°）。分布数量以中国为最多，其次是俄罗斯，朝鲜半岛第三，日本岛最少。

红松在中国东北天然分布的西北界位于黑龙江省黑河市胜山林场（北纬49°28′，东经126°40′）；东北界在黑龙江省的饶河县（北纬46°48′，东经134°）；西界在黑龙江省德都以北的五大连池附近（约东经126°10′）；西南界在辽宁省的抚顺、本溪一带（约北纬41°20′，东经124°）；南界在辽宁省的宽甸县（北纬40°45′）。分布区大致与长白山、小兴安岭山脉所延伸的范围相一致（图1）。

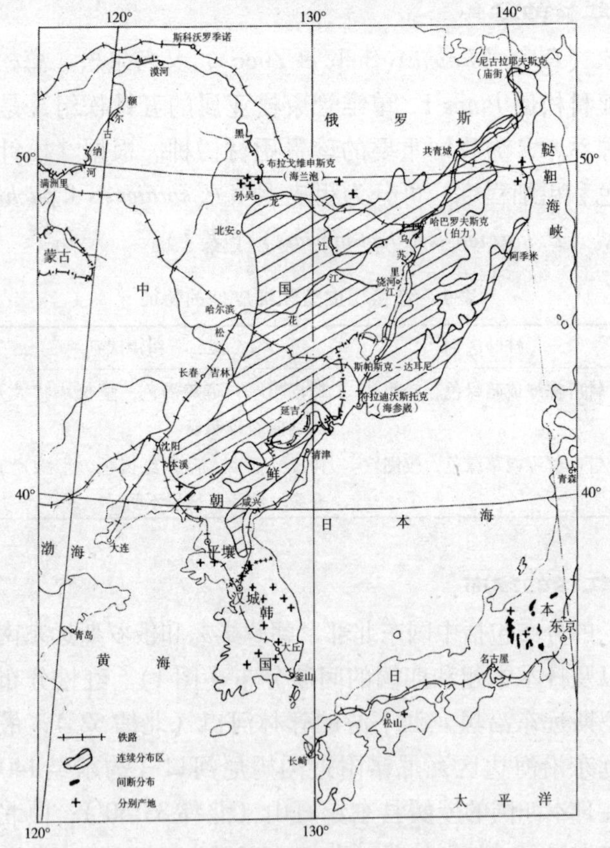

图1 红松在世界上的分布

3. 红松的经济价值

(1) 木材 红松材质优异，被广泛用于建筑、机械制造、造船、家具和乐器等方面。红松在采伐和制材过程中，产出的枝丫、木屑等剩余物约占木材产品的1/3以上。这些剩余物可以制成水泥木丝板。

(2) 松香与松节油 松香可用作造纸的胶料和拔水剂、合成橡胶的乳化剂、肥皂中的助剂、绝缘材料、封填剂、油漆成膜剂等。

(3) 松籽 红松的种子粒大、产量高，种子富含蛋白质，种仁含油量在65.5%~69.2%，其油内含有高达10%以上的松三烯酸。种仁除可食用外，其主要用途入药，为“海松子，是一种滋养强壮剂，有调解血液循环、降低血脂、抗衰老及逐风痹寒气，润皮肤和肥五脏等功效。种皮富含单宁，可作染料及栲胶原料。

(4) 树皮、松针 红松的树皮富含单宁，经水浸后，即得栲胶。栲胶用于皮革业、锅炉的软水剂和石油、化工、医药、纺织、印染和墨水工业。

松针可提取0.2%~0.5%的挥发油，松针挥发油是用作清凉喷雾剂、皂用香精及配制其他人工合成香精的重要原料。经蒸油后的松针残渣可提取栲胶。松针残渣经加酵母发酵后，可蒸制工业酒精。酒糟适作饲料。松针残渣还可造纸、人造纤维和隔热、隔音板、松针软膏。松针富含维生素和胡萝卜素可制松针粉。

(5) 球果 可提炼原油，糠醛、单宁、色漆和松脂等原料。松根油可生产松焦油、松节油和浮选油，还可进一步加工成消毒防腐的水酚皂溶液，以及治疗顽癣的牛皮癣药膏等。利用松枝、松根或废材可作炭黑原料。可用松枝和松根培养名贵的茯苓。

(6) 花粉 经加工后可成高级营养品，还可作撒粉剂，用以治疗汗疹及用作创伤止血剂。

4. 红松的引种状况

红松具有生态、经济、观赏价值，因此国内外都很重视红松引种驯化工作。俄罗斯1782年将海滨边疆区和哈巴罗夫斯克边疆区的红松引到东萨彦岭和克拉斯诺亚斯克边疆区；我国已将辽宁肖草河口红松引到山东、河北、内蒙古。特别最近几年，开展退耕还林、改善生态环境、发展经济林，实现经济与生态双赢，提高农民经济收入，发展红松绿化林和红松坚果林，应用异砧（樟子松）嫁接红松的方法改良红松适应特性，并且混植山杏、沙棘、锦鸡儿、杨树保护红松嫁接树生长表现良好。如彰武县、龙江县、大庆市等地都已取得引种驯化的成就。

第二章　红松育种

5. 什么叫红松种子区？

红松分布范围较广，由于分布区内环境条件复杂多样，在长期的自然选择中造成了生长在不同地区的红松在生长性状、遗传性状、材质性状及结实性状等方面均不同，更为重要的是其适应性不同，进而表现在来自其他地区的红松种子育苗后“水土不服”，影响了生长发育，或者抗性减弱，经常发生病、虫、寒等危害现象。因此，为了避免上述现象的发生，林业主管部门，根据红松分布区内地理气候特点及行政区划归属情况，在种源试验的基础上，科学地将红松划分了不同的种子区（种源区）。同一种子区内的红松遗传性相似，进而表现为生长发育、适应性状等相似；同一种子区的红松分布呈现连续性，并且有相对一致的生态环境条件。规定同一种子区内可以调拨种子，相邻种子区之间慎重调拨种子，距离较远的不同种子区之间严禁调种。

6. 红松种子区划图是什么样？

根据红松种源试验结果，结合地理气候区划，将红松种子区划分为 2 个大区，5 个亚区，即兴安岭区（Ⅰ）和长白山区（Ⅱ）。兴安岭区划分为小兴安岭亚区（$Ⅰ_1$），完达山亚区（$Ⅰ_2$）和老爷岭亚区（$Ⅰ_3$）。长白山区划分为北长白山亚区（$Ⅱ_1$）和南长白山亚区（$Ⅱ_2$）（图2）。

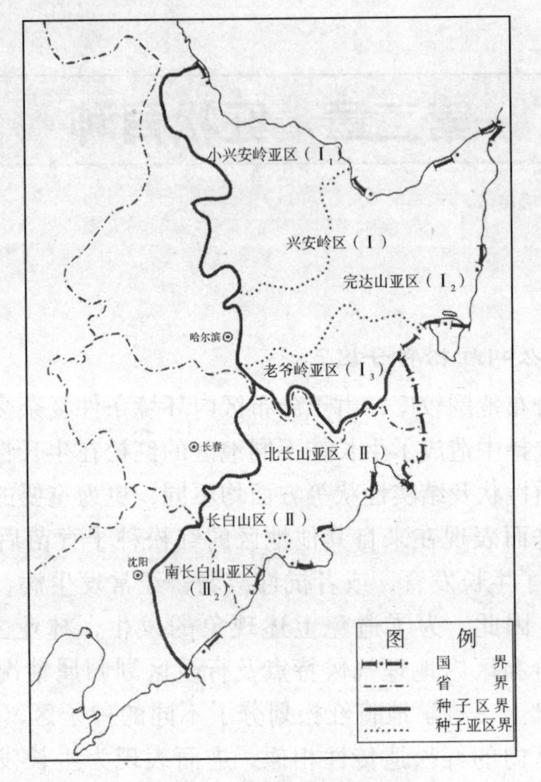

图2 红松种子区划图

7. 红松育苗时到哪里购买种子更科学？

红松育苗时，采用来自当地种子园的种子，或者采用林业种子部门提供的种子。但目前种子园和林业种子部门的种子数量往往不足，满足不了生产需要，最好的解决办法是在当地或邻近地区天然林或人工林的优良林分内选择优树，自己采集。优树的选择方法很多，但简单、快捷、实用的方法就是目测对比法，该方法就是采种树同周围树木进行比较，如果采集作为用材林的种子应按树的高、径超过周围树木，并且干型通直，就可以作为采种树。一般情况下，通过这种办法培育的苗木将提高遗传增益在

10%左右。如果采集培育坚果林的种子应选择结实多、树冠宽、疏冠的树采集种子。

8. 如果在理想的种子区买不到种子能否有替代办法？

如果受到红松结实周期的影响，种子生产出现了歉年（小年），理想的种子亚区购买不到种子，林业种子主管部门的种子贮存量不足的情况下，解决办法是到邻近的种子亚区购买，但不能间隔一个种子亚区远距离购买种子。例如，小兴安岭北部伊春地区的乌伊岭林业局红松造林需要购买种子，本种子亚区又购买不到，最好到邻近的完达山亚区购买种子园的种子。

9. 能否在大量结实的人工林中采种育苗吗？

首先要肯定地说，在大量结实的红松人工林中可以采种育苗。红松人工林利用的是混合种子育苗造林，个体间亲缘关系较远，打破了原始林内个体间亲缘关系较近的状态，人工林进入大量结实期时，个体间充分杂交授粉，获得了具有一定杂种优势的种子，培育的苗木生长强壮。辽宁省本溪市草河口镇的草河口林场有一片进入开花结实期的人工红松林，经过多点红松种源试验表明，该人工红松林生产的种子优良，已经被很多地区作为优良种源利用。

10. 如何选择坚果型优树？

首先要到当地的红松母树林和种子园内选择结实多的母树，在这样的地方选择优树方便准确。其次要到天然林内选择，走访调查林业工人是简单科学的方法之一，林业工人对当地红松林内哪片红松林、哪棵母树结实，并能够连年结实都了解得比较清楚。要单株测其千粒重、出仁率、出种量和测树指标（树高、胸径、冠长、冠幅、结实层厚度和开花期等），就能选择出优树，对优树要建档，详细记载优树的生长和结实性状及优树的位置。

最简单的优树选择方法就是挑选结实最多、生长最好、球果病虫害少，几乎年年都结实的树。

11. 什么是红松的偏雌偏雄性？

红松是雌雄同株异花树木，雌球花在树冠顶端，雄球花在树冠中下部，但统计分析雌雄球花的比例，发现不同个体间差异很大，有偏雄和偏雌现象，因而造成个体间结实数量和质量的显著差别。一般情况下，雌球花相对较多的树，其雌雄花枝之比为1∶30，树冠为倒卵形，结实层部位的轮生枝向上翘，而雄花轮生枝部位往下弯，构成了明显的分界线，这样的个体结实层较厚，占树冠长度60%～80%；雄球花相对较多的树，其雌雄花枝之比为1∶100，树冠为尖塔形或长卵形，结实层较薄，结实量很少，树冠中部轮生枝与主干的夹角小于45°，球果多为大果型；将结实量处于中间类型的称为混合性树，其雌雄花枝之比为1∶50，树冠为卵形。雌性树的大孢子叶球数量、重量及其所含的饱满种子数量大于雄性树，雌花枝粗度大于雄花枝粗度3倍；另外，还有不结实的树，将其称为无性型树，其冠为细圆锥形。在红松种子园内，可以明显地划分无性系后代的性别型。掌握性别型特征，对育种和选优工作具有重要意义。

12. 什么叫嫁接？

嫁接是将优树的一年生枝条接到另一株数的枝、干、根际等部位上，使两者形成层结合生长在一起，形成一个新的植株，称为嫁接。这个枝条称为接穗，被承受接穗的树称之为砧木。根据砧木与接穗是否是同一树种，又可分为同砧嫁接和异砧嫁接。如红松接穗嫁接在红松砧木上，称之为同砧嫁接；把红松接穗嫁接在樟子松、赤松、斑克松等的砧木上，称之异砧嫁接。根据砧木高矮又可划分为矮砧嫁接、高砧嫁接，超高砧嫁接和根砧嫁接等。

嫁接是无性繁殖方法的一种。红松果园主要采用髓心形成层对接法、劈接法、“盖帽”嫁接法、自生根嫁接法。根据嫁接苗培育方式又分为裸根嫁接苗、容器嫁接苗。目前，红松嫁接方法又有新的发展，桓仁县经过6年多的实践摸索和研究，在髓心形成层贴接法、顶芽劈接法的基础上，又研究出芽芽对接法及嫩枝劈接法。

13. 树木的形成层在树木嫁接中有何作用?

形成层是树皮与木质部交界处的部位，有一两层分生活跃细胞组成，该层细胞向内生长形成木质部，向外生长形成树木的韧皮部，由于该层细胞生长活跃，是最容易愈合的部位，因此树木嫁接时，往往用接穗的形成层，对砧木形成层进行贴接，这种方法适用于接穗与砧木的粗度彼此不匹配，即接穗细，而砧木粗，或相反砧木细，接穗粗。接法如下：将接穗的韧皮部切去，长度约8~10厘米，宽度视接穗粗度而定。砧木也要切去韧皮部，露出亮晶晶白色的形成层，其长、宽度与接穗相同，再用塑绑带绑上，接穗就能成活。

14. 红松传统的劈接方法如何进行?

红松嫁接劈接法同普通果树劈接方法相同。这种方法的优点：嫁接成活后，接枝生长快，愈合得好，比髓心形成层嫁接法生长速度快，接枝且不偏冠，抗风力强，但此法要求嫁接技术较高。在大棚内采用此法效果最好。

(1) 嫁接时间　劈接法嫁接最好是在春天砧木嫩枝开始生长的时候。

(2) 砧木处理　在砧木的主枝上将顶芽削去，并在上部从切口往下摘除针叶，长度约3~4厘米。

(3) 接穗处理　取5~6厘米长的接穗，自下而上把针叶去掉，长度为2~3厘米。接穗末端削成楔形，长约2.5厘米。

(4) 嫁接　在砧木的顶部劈开，劈缝长约2~3厘米，然后将接穗楔形部分全部插入劈缝。接穗和砧木粗度应该相同。如果接穗较砧木粗时，应该使接穗同砧木的形成层一面吻合嫁接。

（5）捆绑 接穗插入后，用宽约 1～1.5 厘米的塑料布条扎缚嫁接的地方。

（6）套袋 为了防止风吹日晒，可用塑料袋套起来。

（7）解绑 嫁接后要不断地观察嫁接苗的生长情况。其中有一些当年生长得很快，有些则生长中等或较弱，有些已成活，但接穗在当年并不能完全生长。所以撤除扎缚物的时间是不同的。所以解绑时间应在翌年春天。

15. 什么叫“盖帽”嫁接法？

这种方法是黑龙江省林业科学研究所创造的。这种方法是将劈接和髓心形成对接法结合在一起来的嫁接方法。接法如下：接穗切法与髓心形成层贴接法的接穗切法相同，只是对砧木顶端剪去，在砧木的顶芽下端 1.5～2.0 厘米处切顶，然后切去一部分砧木，使其切把与上端接穗相吻合，绑带方法同劈接法。该方法的特点是嫁接速度快、成活率高，减少剪砧工序，接枝生长势高，值得推广。

16. 接穗如何进行采集和贮藏？

（1）穗条采集 采穗在预先选定的优树上进行。在春季树液流动前采集，一般在 3 月中旬至 4 月上旬进行。采集部位为优树树冠中上部外围枝，这部分的枝条生长健壮，一年生小枝较长，适合做接穗。人工林中优树一般每株采 15～20 个枝，枝条长度 20～25 厘米。

（2）穗条贮藏 穗条贮藏的好坏直接影响嫁接成活率和嫁接苗的生长，穗条的贮藏应达到不脱水、不腐烂、不萌动、不掉针。有条件的地区应用气调贮藏库贮藏，条件不允许也可用冰窖贮藏。采穗的前一年秋挖好形似菜窖的贮藏窖，宽 2.0～2.5 米，深 1.5～1.8 米，长以穗条多少而定。挖好后不搭盖，在采条的前几天往冰窖放冰，冰层厚 40～60 厘米，然后搭盖，将穗条成捆立放于冰层上，然后盖严窖门。

17. 什么叫嫩枝嫁接和芽芽对接法

（1） 嫩枝劈接法

a. 选配接穗和砧木：剪取有顶芽的长 2～5 厘米当年生小枝，粗度为砧木嫁接部位 1/2 以上或相等接穗，切忌大于砧木。

b. 接穗的处理：将芽下 2 厘米剪下去掉所有针叶，用刀片从芽的基部（带 0.2 厘米底芽）开始削成双面楔形，若接穗比砧木细，削成三角形。

c. 砧木的处理：这种方法是在当年生长的半木质化绿枝上进行，顺针叶方向摘去砧木主枝顶芽以下 5 厘米的全部针叶，把砧木顶芽平头切下，从中间劈开，切口略长于接穗切口。

d. 结合绑扎：把接穗插入，两边对齐；若接穗比砧木细，接穗即为三角形，但必须一面对齐，厚面朝外。用塑料条从下切口以下约 0.5 厘米开始进行螺旋式绑扎，一直绑到接穗针叶着生部位，再加缠两圈，作一指扣。这种方法适宜于嫩枝半木质化到树液停止流动期间进行（东北地区 7 月 15 日至 8 月 15 日）。

（2） 芽芽对接法

a. 选配接穗和砧木：取有顶芽长 1～2 厘米小枝，芽的最粗部位大于等于砧木顶芽最粗部位的 1/2，小于等于砧木顶芽最粗部位；

b. 接穗处理：用刀片从芽的中部削成楔形或三角形；

c. 砧木处理：顺时针方向摘掉砧木主枝顶芽以下 2 厘米的全部针叶，根据接穗顶芽的粗细，在砧木顶芽任意部位平切，从中间劈开，切口略长于接穗芽的削口。

d. 结合绑扎：把穗芽插入，两边或一边对齐，一边对齐时厚面朝外。绑扎与第一种方法相同，但塑料条要窄而短。

18. 怎样在樟子松根颈部嫁接红松？

这种嫁接法是由前苏联格·斯·克木齐创造的。此法主要特点：在樟子松根颈处嫁接红松接穗，为红松创造生根条件，一株树两种树根，即有樟子松树根，又有红松树根。能够克服红松与樟子松嫁接亲和性不好的缺点，而且，接枝生长较快，能提前5年开花结实。具体嫁接方法如下：首先，嫁接前一年将樟子松3～5年生苗移植到容器（25厘米×30厘米）内，基质采用原床腐殖土50%、草炭土50%再加20克磷钾肥。嫁接后放在塑料温室大棚内，保证棚内湿度在80%，温度不超过25～30℃，接法同髓心形成层贴接法，切红松接穗法略有不同，只在接穗末端不完全切去半面穗条，而留一个小台阶，使其生长不定根。在大棚内培育2年才能形成独立生根的红松嫁接苗。

19. 如何培育合格的砧木育苗？

（1）砧木的培育　培育砧木用种应从优树上采集种子。砧木质量的好坏直接关系到嫁接树的成活率、保存率以及生长和发育，因此要十分注意砧木的培育和选择。根据建立红松坚果林立地条件确定樟子松种源区，如果立地条件比较干旱、土壤贫瘠应采用沙地型种源——红花尔基种源；如果在气候湿润、土壤肥沃的林区建立红松坚果林应选择山地型种源——塔河种源。建立同砧红松坚果林，也应当在优良种源区优良林内采种，而且应在偏雌性坚果树上采种，优树的立地条件应当同建立坚果林立地相似。天然红松优树树龄应在120～140年，人工林在40年以上，不要选速生型的红松为优树，最好采用优良坚果型无性系树上的种子，培育红松砧木苗。

（2）砧木苗的选择　要选择Ⅰ级，根系发达的樟子松2～3年生苗或红松4～5年生苗定植。定植1～2年后，再嫁接红松接穗。

第三章 红松种子经营

20. 红松种子由哪几部分构成?

红松种子由3个主要部分组成：种皮、胚和胚乳。

种皮由珠被发育而成。红松的种皮分坚硬的外种皮和膜质的内种皮，有保护种子的作用。胚是由受精卵发育而成的幼小植物的雏形，它在适宜的条件下能迅速发育成正常植株。胚由胚芽、胚轴、胚根和子叶四部分组成。胚芽是叶、茎的原始体，位于胚轴的上端，它的顶端就是生长点。胚轴是连接胚芽和胚根的过渡部分，在种子萌发以后才明显伸长，而位于子叶着生点以下的胚轴部，称为下胚轴。胚根位于胚轴的下部，为植物未发育的初生根。红松种子的子叶是幼苗最初的同化器官，对初期生长具有重要意义。种子的胚乳是种子营养物质的贮藏器官。

21. 如何保持种子活力?

红松种子贮藏的关键是控制种子呼吸的性质和强度。种子的任何生命活动过程都与呼吸密切相关，因为呼吸过程为种子提供了生命活动所需的能量，使体内生长反应和生理活动正常进行。种子的呼吸性质决定于环境条件，当通气良好时，一般以有氧呼吸为主，若通气不良时则为缺氧呼吸。种子呼吸强度受种子所处环境条件和生理状态等因素影响。

红松种子属于耐干藏的类型。在贮藏中，如果种子水分含量过高，则种子会长期处在有氧呼吸条件下，对保持种子生活力不利，因为它放出水分和热能，会给种子堆带来不良影响，加速贮藏物质的损耗和种子生活力的丧失。

因此，红松种子在入库贮藏前应保持良好的通气状态，有利于干燥种子，使含水量逐渐降到9% ~11%后再入库，或进行密闭贮藏，使种子有氧呼吸转变为缺氧呼吸。

22. 红松的安全含水量是多少？

种子在贮藏期间，含水量越高，呼吸强度越大，种子产生发热回潮现象就越严重，并促进了微生物的活动，因而容易丧失发芽力。但种子含水量过低，也会丧失发芽力。所以在贮藏期间，只有保留维持种子生命活动所必需的水分时，才能比较安全地保存种子的发芽力。这种在贮藏期间保持生活里的最适含水量，就叫安全含水量。红松的安全含水量为9% ~11%。

23. 采球果时为什么不能剪枝条？

这与红松的结实特点与成熟过程有关系。

与当年开花授粉当年种子成熟的落叶松不同，红松从开花授粉到种子（球果）成熟，历经两年。春季，随着冬芽开放和新梢伸长，红松的雌球花和雄球花开始发育。雄球花位于当年新梢的基部，密集成穗状；雌球花常3~5个生于其他当年生枝条的顶端。红松在6月传粉，雌球（幼果）在当年只能长到3厘米左右。第二年，幼果继续发育生长，于9月成熟，并位于1年生枝梢的基部。在收集球果时如果采用剪枝条的方法，势必会将孕育花原基或者幼果的1年生枝条一同剪去，从而影响下一年的种子产量。

24. 如何评价红松种子质量？

林业生产中，人们常用生活力指标来评价一批红松种子的质量。当然，测定的生活力越高，种子的质量就相对越好。

常常会遇到这样的情形：有两批红松种子，生活力相差无几甚至都一样。这时我们面临一个选择，即到底要买哪一批种子。这时，我们要通过两批种子的活力鉴定来做出选择。种子活力，打个比方说，就类似于人的“体质”，是指种子在逆境条件下的成苗能力。对两批种子的活力检验结果，不仅可以帮助我们做出选择，而且还可以了解该批种子的田间表现及应采取的技术措施，预测最终的结果。所以，对种子活力的检验可以为经济利益提供保障。对红松种子活力的测定，常常是几个方法联合使用，如人工加速老化试验结合生活力检验；种子的物质外渗；种胚呼吸耗氧量法；种胚脱氢酶活性定量测定结合图形法等。这些方法可供种子站、种子检验机构或者仲裁机构在评价红松种子活力水平时选择使用。

25. 红松种子品质主要指标是什么?

（1）种子纯度指标　是纯净种子的重量占测定样品各成分（纯种子、果鳞、果轴、废种、夹杂物）的总重量的百分数。

（2）种子重量指标　红松1 000粒纯净种子的气干状态重量为千粒重。以克为单位。对红松千粒重等级尚没有明确分级，暂分为5级：1级≥750克，2级650～750克，3级550～650克，4级450～550克，5级≤450克。

（3）种子含水量指标　种子含水量是指种子体内水分的重量占种子总重量的百分率。种子含水量低于14%才能安全储藏。

（4）种子变劣率　红松好种子重量占测定样品各成分（好种子、变质种子、发霉种子、“哈喇”种子等）的总重量百分数。这是坚果种子的重要商品指标。

（5）出仁率　红松种仁重占种子重量的百分数。出仁率是商品种子质量的重要指标，主要是种仁用于食用或医药原料。

（6）种皮光亮度和色泽　其是重要商品指标。种子的味觉也能表现种子优良度。

26. 红松为什么不能在春季直接播种育苗?

红松在春季不能直接播种育苗，这主要是由于红松种子有休眠的现象。种子休眠是指在种子成熟后即使给予适当的发芽条件仍不能发芽的现象。引起红松种子休眠的原因有多个方面。一是，红松种子的种皮对透水、透气有一定阻碍作用，但这不是红松种子休眠的主要原因。二是，秋季采集的红松种子虽然种胚已完全分化，但大小只占胚腔的2/3～3/4，尚未充分发育成熟。三是，红松种子含有大量的生长抑制物质，如脱落酸等。后两种因素是红松种子休眠的主要原因。因此，红松在育苗前需要进行种子处理。种子如不经催芽处理，春季播种当年不能出苗，只能第二年出苗；秋季播种的，第二年春出苗也不整齐。

27. 红松播种前如何处理？

红松种子休眠期长，在播种前要进行催芽处理，才能打破种子的休眠。不经充分催芽处理，春季播种当年不出苗或出不齐，陈储种子更严重。科研人员发现，室温干藏对种胚的发育无效，低温层积（3～5℃）虽然有效但很缓慢，而高温（20～25℃）层积催芽有利于种胚的发育；冷湿（3～5℃）处理有利于脱落酸等生长物质的转化，但必须是在红松种子种胚完成形态发育之后。

层积催芽是指把浸水吸涨的种子和湿沙混合或分层放置在一定的温度和湿度条件下一定时期，促进其达到发芽的程度。在红松育苗生产中，结合当地的催芽方法很多，基本分为两类，一类是利用自然温度，另一类是人为加温处理。前一类方法，红松种子必须先经过15～20℃的暖湿阶段处理2个月以上，再经2～5℃的冷湿阶段处理2个月以上。若高温处理时间不足，会造成春播种子出土时间长，当年发芽率低。

层积催芽是促进红松种子发芽的一种良好方法。但是，如果种子催芽处理不充分，出苗率就比较低。

28. 水在种子发芽中的作用？

水分是控制种子是否萌发的重要因素之一。在种子萌发时，水主要起如下生理作用：

（1）使种皮膨胀软化　只有使种皮膨胀后，氧气才易透入种子内，促进种子的呼吸代谢；

（2）改变细胞原生质状态　水分促进了种胚中的原生质的变化，由不活跃的凝胶状态转变为活跃的溶胶状态。原生质只有在溶胶状态下，各种酶的催化活性才能增强，各种生理生化代谢过程才能迅速进行；

（3）水是种子内贮藏物质分解的媒介　没有水，各种有机营养物质不能分解为简单的容易为种子吸收利用的小分子物质。因为这些复杂的大分子的分解，一方面要在水溶液中进行，另一方面也需要水分子参加；

（4）水也是营养物质运输的媒介　胚乳（或子叶）中贮藏的物质被水解后，运送给胚利用，这种物质的转运过程，需在水中进行。没有水，转运不能进行。

所以，播种后要维持土壤湿润，以保证种子顺利地萌发和生长。

29. 红松产生大小年的原因？

已经开始结实的树木，并不年年结实，每年结实数量相差很大，有大小年之分。这主要是由母树的营养状况发生变化所致，因为花芽的分化和果实、种子的发育主要取决于营养物质的供应。在大年由于光合的产物大部分被果实和种子发育所消耗，养分不能正常地运送到根系，从而抑制了根系的代谢和吸收功能，反过来又影响枝梢生长与叶片的光合作用，造成在花芽分化的关键时期营养不足，导致大年不能形成足够数量的花芽，来年就出现小年。

林木结实大小年可以通过加强母树林抚育和土壤管理，减轻或消除自然灾害，改进采种方式等，能提高种子产量，缩短大小年之间的间隔。选择结实频率高遗传性状的母树也能够缩短红松结实间隔期。

丰年的种子质量好，种粒饱满，发芽率高，对培育壮苗有重要意义。

30. 如何促进红松结实？

通过改善红松母树（种子林或母树林）的生长环境条件，能促进树木结实并提高种子的质量。主要可以对采种母树林进行疏伐、施肥、灌溉、土壤管理等经营措施。

（1）疏伐　在较密的种子林中，进行适度的疏伐，改善林内的光照和温度条件。由于土壤温度的提高，在适宜的水分条件下，促进土壤微生物的活动，从而改善种子林所需要的无机养分供应状况，同时疏伐促进树冠的生长发育，扩大母树的营养面积和结实面积，能充分发挥营养器官的作用，给开花结实制造较多的营养物质。

（2）施肥　大量结实的年份由于消耗的营养物质太多，新枝生长受抑制，因而影响下年的结实产量。为了提高种子林的结实，对郁闭度适宜的种子林进行合理施肥是有效的措施。在施肥时应注意树木需肥临界期和营养最大效率期。

（3）灌溉　适时进行灌溉能提高种子林的产量和质量。在红松生殖器官形成和发育时期，对缺水非常敏感，这一时期是树木水分临界期，必须保证该期水分的供应。

（4）土壤管理（耕作）　加强种子林或种子园的土壤管理（耕作）可以改善树木根系生长环境，减少杂草对土壤水分和养分的竞争，促进种子结实和产量质量的提高。

（5）种植肥料木（草）　改良林分土壤结构，提高土壤肥力，改变红松母树林组成的重要措施是栽植榛子、锦鸡儿、沙棘以及牧草等土壤改良措施。

除了上述各项措施之外，还需注意母树林的保护工作。

31. 预报种子产量的方法？

最简便的方法可以登高或上大树用望远镜瞭望，看树冠上幼果的多少，并与往年进行比较，即可粗略地知道来年的丰歉。

在种子园中，可以用平均标准木法来估算种子的产量。具体方法为：

林木树干的胸高、直径与结实量存在着密切的直线相关。摒弃两端不规则极值，一般直径越粗结实量越高，故林分内平均直径的植株结实量可代表林木的结实量。

在采种林分内选择有代表性的地段若干块设标准地（地块上至少有 30～50 株树）。测其面积，每木编号、测其胸径。其中 10% 测树高、冠高、冠幅等。算出各平均值。在标准地内选择近似平均值的 5～10 株标准木，采收全部果实。求出平均单株结实量。乘以标准地母树株数即得标准地的结实量。母树间结实数量变异性大时，标准木数量应多些。随机抽取 50 个以上果实，解剖后统计每个果实中饱满种子粒数。根据标准地（或每公顷）产量推算出全林分的种子产量。

实际采种时，不可能毫无遗漏地将每株母树和母树上所有果实全部采下来，计算实际采收量时，还应根据各个树种结实情况和采摘技术，参考以往经验确定采收率。我国目前母树林采收率一般为 40%～80%。种子采收量计算公式如下：

$$Z = \frac{N \cdot B \cdot C \cdot P \cdot G}{n \times 1000^2}（千克/公顷）$$

式中：Z——标准地（或每公顷）种子采收量；

N——标准地（或每公顷）母树株数；

B——标准木的果实总数；

n——标准木株数；

C——平均每个果实中饱满种子粒数；

P——种子千粒重（经验数字）；

G——种子采收率（用小数）。

该法省工、省力、节省开支，对同龄母树林更为适用，精度较高。红松、云杉、油松、樟子松等林分均可采用此法。

第四章　红松苗木培育

32. 如何选择红松育苗地？

东北山区适宜红松育苗的平坦土地多已开垦为农田，故现多选择坡地育苗。在低山选苗圃地时要注意 3 点：

①坡向。在有灌溉的条件下，应选不太干旱而且光照条件较适宜的东南向；而在无灌溉条件的情况下，要选北向或东北向为宜。在东北林区，为克服温度不足的主要矛盾，在冬季不受西北风危害的情况下，可选西南向或西向坡地。在高山区则可选光照与温度条件较好的东南向或南向。

②选土层深厚（40～50 厘米以上）、石砾含量少的土地；生荒地也可，但撂荒地不能选。最好附近有水源。

③苗圃要距造林地较近、交通方便。

当前，有不少林农选林间空地为育苗地，此时在参考山地苗圃选地注意事项的同时，还需考虑到以下 5 点：

①选面积大的林间空地，林木的密度比较稀疏，能有侧方弱度遮阴的条件更为适宜；

②土壤水分和光照条件较好的坡向；

③土层深厚，冻拔害不严重的地方；

④苗圃地与林墙的距离应保持 1 倍树高以上；

⑤交通比较方便。

沙地和盐碱地不适宜于红松育苗，尤其是后者。如果别无选择，一定要选沙地作苗圃地时应注意 4 点：

①选背风的地方以免沙打沙压苗木；

②选低洼的沙窝，因为这里土地较湿润，风蚀较轻、苗木被沙压的机会较少；

③沙地育苗成败的关键条件之一是灌溉，所以要选有水，或能打井的地方；

④为防止苗木被沙打沙压，并防风保墒，需设置防风林带和防风障。

33. 为什么林间苗圃育红松苗木质量高？

在同一地区，相同自然条件下，与老圃地相比，林间圃（山地苗圃）培育的苗木不仅生长好，而且质量好、产量高。究其原因，主要在于林间苗圃较老育苗地土壤理化性质好、肥力水平高，其主要表现在下面几个方面。

（1）土壤孔隙与水分状况　土壤孔隙状况直接影响土壤的水气状态及根系的生长。林间苗圃土壤的总孔隙度所占比例较高，在孔隙组成上，林间苗圃土壤的毛管孔隙度较高，而非毛管孔隙所占的比例较小。林间苗圃土壤水分状况较好，无论是土壤含水量还是田间（有效）持水量，都较老圃地土壤含量高，这表明，林间苗圃土壤蓄水抗旱能力较强。

（2）土壤养分状态和土壤酶活性　虽然林间苗圃土壤与老圃地相比微量元素含量差异不大，老圃地也可通过施肥手段维持较高的全氮、全磷水平，但山地苗圃土壤有机质含量比老圃地常高出1～3倍。山地苗圃土壤疏松，水气比例适度，适宜土壤生物活动，所以土壤脲酶、转化酶与磷酸酶的活性较老圃地土壤高得多，能促进土壤中有机态氮、碳、磷的转化。

（3）土壤中生物群落状况　山地苗圃土壤中无论是固氮菌还是分解纤维素放线菌，它们的数量都十分可观。这说明，山地苗圃土壤生物活跃，有利于氮素固定、有机质分解和营养循环。除此之外，林间苗圃土壤温差小，空气湿度大。这种小气候也适宜苗木生长。

34. 如何确定播种期？

红松春播或秋播均可，以春播为宜，作业方便，管理省事。采用南北向高床条播为好，覆土材料一般用原床土即可，覆土厚2厘米。只要能及时灌溉，可不覆草和遮阴，进行全光育苗。根据在东北林业大学哈尔滨林场试验材料表明，红松种子发芽出土早晚发病率高低与苗木产量、质量有密切相关（表2）。红松播种后，在气温高于8℃和地温（5厘米）高于10℃时开始发芽，当气温高于16℃以上时发芽开始迅速增加，因此在哈尔滨地区播种可不宜太早，一般在4月末最好，最晚不宜迟至5月初。

表2　红松发芽早晚与发病率及苗木质量关系

发芽时间	发病率（%）	苗高（厘米）	地径（毫米）	鲜重（克）	优良苗率（%）
5月15日以前	0.0	4.85	2.39	1.38	81.8
5月15~25日	5.7	4.97	2.37	1.32	77.6
5月26日至6月5日	24.5	5.50	2.37	1.47	79.7
6月6日至6月25日	29.5	4.28	2.35	0.89	14.7
6月16日至6月5日	26.0	4.33	2.26	0.87	1.6
6月26日至7月5日	59.0	4.19	2.29	0.74	1.9
7月6日至7月15日	68.0	4.07	2.24	0.62	0.0

从表2材料可以看出，在哈尔滨地区播种红松时，如能采取有效的催芽方法，使播下去的种子最迟在5月末至6月初全部发芽出土，则可大大降低幼苗的发病率，并显著提高苗木的质量。

35. 红松容器育苗有什么好处？

（1）苗木生长迅速　容器育苗可以人为地创造最适宜的环境条件，促进苗木生长，缩短苗木生长周期。2年生红松容器苗的苗高就已达到了出圃标准，提高苗木产量3~4倍，使育苗周期缩短了2年。

（2）造林成活率高　容器苗主要特点在于苗木带有完整的根团，不存在裸根苗的起苗伤根、运输和造林过程中的根系晾晒失水、造林后的缓苗等问题，故造林成活率高。一般红松容器苗雨季造林的成活率能达到89%以上。

（3）节省育苗的土地和劳力　育苗占用土地面积小，生产可以高度集中，不需要像裸根苗育苗一样苗圃地进行大面积的土地改良，仅对少量的培养基进行充分消毒，容器之间相互隔离的，病害不易蔓延，也几乎不必进行除草松土，可节省大量人力。

（4）种子利用率高　可节约种子2/3。

（5）利于实现育苗造林机械化　容器育苗从种子精选、营养土装杯、播种、苗期管理、炼苗，基本上实现了工厂化和机械化作业。大大的降低了育苗的劳动强度。

36. 红松容器育苗常用的容器与基质

制作容器的材料、容器的形状与大小，常常与树种、育苗年限、苗木规格有关，也与容器苗的培育方法和造林技术相联系。目前，培育红松容器苗常用的容器大多为纸质和塑料两种；容器有组合的，也有单个的。组合的往往是无底纸质营养杯，规格多样，直径2~10厘米，高5~13厘米。单个的常为营养袋，由0.2毫米聚乙烯塑料制成，规格多样，为了使容器通气，常在塑料袋底部或周围打12~16个孔。

在容器育苗中一般不用天然土壤作培养基，因为天然土壤的物理性质不及人工配制的培养基好，同时由于容器苗是带土上山的，用天然土壤作培养基显得太重，运输不便。此外，天然土往往带来杂草种子并可引起苗木病虫害。在北欧、加拿大主要采用泥炭和蛭石的混合物作为培养基，然而在我国红松容器育苗的基质往往是因地制宜。在小兴安岭林区常用当地丰富的草炭土或腐殖质含量高、保水能力强的森林表土，再加入适量腐熟的有机肥或化肥作为培养基。例如，黑龙江省带岭林业科学研究所塑料大棚工厂化容器育苗技术研究的结果表明：用草炭土+腐殖土、腐殖土+马粪、草炭土+马粪配制的3种营养基质，最有利于红松幼苗的生长。而在辽宁省开源市林业局利用黄粘土、腐殖土和有机肥配制营养土，其比例分别为30%～40%、40%～50%和10%～20%，另加5%的磷肥。总而言之，采用什么材料作为培养基，以怎样的比例为最好，要根据具体情况而定，必须在一定容器、一定温室条件下，考虑到最适合的通气性和排水能力。一般培养基以不易于板结、在灌水后0.5小时内既能排出过多的水分为佳。

37. 大棚育苗环境条件如何控制?

大棚育苗与露地不同，如能对棚内的温度、光照和土壤湿度等因子控制得当，就能加速苗木的生长，提高苗木质量，如果控制不当，会使育苗失败。

(1) 温度　这一环节是大棚育苗成败的关键，在塑料薄膜覆盖的大棚内，白天由于吸收太阳辐射热较多，温度明显增强，夜间散热时，薄膜具有一定的保温性能，所以大棚内温度总是比露地为高，为苗木生长提供了比露地较为优越的温度条件。据大兴安岭呼中林业局观测，该地区露地温度到5月中旬才上升到10℃以上，而在大棚内4月的平均气温已达20℃以上，落叶松播种后6～7天即可萌发出土，而且在整个生长期中，棚内平均气温要比露地高8～10℃。在辽宁省西部地区，春季用大棚育苗，到雨季造林时，油松容器苗的高度已达13厘米以上，地径0.22厘米左右，出圃造林的成活率很高。

据国外对20多个主要树种在大棚育苗试验指出：白天最适温度为20～25℃，允许幅度度在17～30℃，夜间最适温度为15～25℃，允许幅度在13～26℃。

在寒冷地区早春育苗时，要注意加温，因为大棚内夜间降温比较快，在没有加温设备条件下，温度的日变化较露地为大。棚内温差过大时，对苗木生长不利，所以夜间加温是必要的。我国在塑料大棚内多采用火炉通过烟道使棚内增温。国外多采用水暖或热风进行加温。前者将热水通过管道在棚内循环以提高温度，后者将热空气送入棚内使温度变高。

大棚育苗还要注意降温，因在密闭的大棚内，春末夏初的晴天中午温度可达到50℃以上，对苗木生长不利，也易感染病害。大棚降温主要采用通风换气的办法，一般是利用气窗进行自然换气，也可装设排气风扇。换气既可降低棚温，又能达到排除湿气和补充二氧化碳的作用。自然换气的天窗设在背风面，地窗设在迎风面的换气效果较好。大棚内的温度是随外界气温升降而变化的。到高温季节可拆除薄膜。既防止薄膜老化，又提高苗木的抗性，撤膜时要先撤周围的，使苗木锻炼2周后，再撤除顶部薄膜，以促进苗木充分木质化。

（2）光照　塑料大棚内的光照来源，主要利用太阳辐射，透明的薄膜其光线透过率一般可达日射量的75%～80%，但经过一段时间后，光照只能透过50%左右。如果塑料污染严重，尘埃粘结多，或附有水滴等，透入的光线更少，尤在寒冷地区，春秋两季日照时间短，自然光照减弱，苗木就会感到光照不足，此时即使加温而不相应加强光照，也是不会产生良好效果的。

必须根据不同生长阶段来确定光照强度，一般在出苗期光强度要小，到幼苗期和速生期，可使光强度达到饱和点。为了使苗木充分进行光合作用，促进苗木生长，可采取补充光照的措施。

（3）灌水　由于棚内温度高，蒸散量大，苗木生长迅速，所以需水量比露地多。灌水不仅供给苗木水分，还有降温和调节空气湿度的作用。因而，适时适量灌溉是大棚育苗的重要环节。在灌水上一般要求是：播种前要灌足底水，播种后应经常保持床面湿润，幼苗出齐后，要控制土壤湿度，苗木在速生期要加大灌水量。苗木的生长后期必须适时停止灌水，以提高苗木的抗旱和抗低温的能力。

（4）其他　在密闭的大棚内育苗，随着苗木光合作用的进行，二氧化碳的量将会逐渐减少，除采取换气措施外，可在棚内燃烧丙烷以增加二氧化碳，加强苗木的同化作用。另外，由于棚内温度高、湿度大、菌类繁殖快，极易发生猝倒病。所以防病也是关键条件之一。

38. 红松幼苗子叶有什么特点？

子叶是针叶树幼苗最初的光合中心。减少光合面积（摘除子叶）不仅使地上其他器官生长减弱，而且减少光合产物向根系内运输和分配，降低了根的生长。可见子叶在苗木生命活动中具有重要的意义。以红松幼苗为例，种子浸水吸涨后，在催芽初期子叶同种胚就开始缓慢地生长。种子解除休眠后，其生长更加迅速。在红松种子播种后半个月左右时，拱土种子的子叶生长速度开始增加，出土见光后在种壳即将脱去时生长最快，但子叶展开后，生长速度锐减，其生长过程呈“S”形曲线。从播种日算起，红松子叶的伸长生长持续40~50天，落叶松幼苗子叶伸长生长持续20~30天。子叶是继下胚轴之后第二个完成生长的器官。由此可见，子叶生长具有速度快、持续时间短的特点，这对幼苗从异养迅速过渡到自养有重要意义。子叶脱壳并展开，意味着幼苗自养体系完全建立起来。所以，在培养针叶树苗木时，要注意保护好幼苗的子叶。

39. 如何打破红松苗木午睡现象促进苗木生长？

在自然条件下，树木光合作用的日进程大体上有两种类型：一种是单峰型，中午光合速率最高；另一种是双峰型，上、下午各有一高峰。双峰型中午的低谷就是所谓的光合“午睡”。

“午睡”现象比较普遍，红松光合“午睡”现象最典型，苗木年龄越小其光合“午睡”来得越早，“午睡”程度越深，“醒”来得越晚。1年生苗木在上午9时光合达到高峰，3年生红松苗木则在上午10时达到高峰，在下午它们基本都在3~4时达到峰值。研究28年生成年大树的净光合速率日进程（7，8，9月）证实，无论红松树冠的上、中、下层还是树冠的东、南、西、北面，其净光合速率日进程都呈双峰曲线。上午10时左右达到最高峰，下午13~15时左右第二次达到高峰。10月份时红松光合日进程呈单峰曲线，此时无光合“午睡”现象。

光合“午睡”现象的产生与中午大气相对湿度低、土壤水分状况恶化及气孔的部分关闭有关。

光合“午睡”现象是植物在长期进化过程中形成的一种适应干旱环境的方法。这种适应是通过气孔的部分关闭从而提高植物的用水效率来实现的。但是，“午睡”造成的损失可达光合生产的30%~50%，因此有必要寻找减轻或消除苗木“午睡”现象的办法。目前，在育苗生产中最实用的方法就是雾灌（用水喷雾）。这种方法用少量的水提高田间的相对湿度，减轻或消除“午睡”，提高叶组织的光合导度和光合速率，增加苗木的光合产物累积。

40. 红松苗木白天长得快还是晚上长得快?

植物生长除具有季节周期外，还表现出昼夜周期性。一般植物白天生长较慢，而晚上生长较快。但在生长初期，由于夜间温度过低，此时植物生长则白天快。这种现象在很多树种的幼苗及大树生长中可以观察到。如红松，在生长初期（5月份），由于夜温比较低，5℃左右，白天气温较高，约15℃，出现白天生长大于夜间生长的现象。到高生长的中、后期（6月份），夜温平均约达10℃或更高些，白天气温为20℃或更高，一般又出现夜生长超过白天生长的现象。因为一般白天随着太阳辐射的增加，到午间11点气温升达25℃以上，这时，相对湿度较低（40%左右），生长量会降到最低点。相反，在午夜23点，气温约10~15℃，相对湿度高（80%~100%）的情况下，生长量则达到最高点。

植物白天生长慢的现象，可能与植物体内水分亏缺及光对细胞延长的抑制作用等有关。

41. 如何管理留床苗?

留床苗是指在去年育苗地继续培育的播种苗、营养繁殖苗和移植苗。红松属于前期生长型的苗木，其年生长规律与播种苗生长规律不同。根据留床苗的生长特点，其生长过程可分为生长初期、速生期和苗木硬化期。

（1）生长初期 从冬芽膨大时起，到高生长量大幅度上升时为止。

苗木生长特点：苗木的高生长较缓慢，根系生长较快。前期生长型苗木生长初期的持续期很短（约2~3周），全期生长型苗木的持续期较长（约1~2个半月）。

育苗技术要点：生长初期苗木对肥、水敏感，要求充足的光照。故在生长初期要及时进行追肥、灌溉和松土等。前期生长型苗木因持续期短，及时进行上述工作更为重要，第一次追肥应在生长初期的前半期进行，并要给苗木创造充足的光照条件。但红松苗木高生长期间追肥往往效果不理想。

（2）速生期 苗木速生期从苗木高生长量大幅度上升到高生长量大幅度下降时为止。

苗木生长特点：与播种苗速生期相同，在速生期地上部和地下部的生长量都最大。但两种生长型苗木的高生长期相差悬殊。前期生长型苗木速生期的持续期，北方树种一般为3~6周，南方生长期较长的树种，可达2个月左右；全期生长型苗木的速生期，北方树种为1个月至2个半月左右，南方的杉木可达3~4个月。

育苗技术要点：育苗技术要点可参考1年生播种苗。但因前期生长型苗木速生期的持续期短，故追肥时间应有所不同。在速生期的追肥，要以速生期的前期为主，全期生长型苗木在速生期后期不要施氮肥。

（3）苗木硬化期 苗木硬化期的起止期与1年生播种苗相同。

苗木生长特点：前期生长类型苗木的高生长速度大幅度下降后，苗木高生长很快即停止。以后主要是叶面积增加，新枝逐渐木质化，出现冬芽。该阶段苗木直径和根系继续生长，并出现

1～2次生长高峰，冬芽不断充实和积累营养物质。到后期苗木体内水分含量降低，以致完全木质化，抗性提高，进入休眠期。前期生长型苗木硬化期的持续时间约有3～5个月以上。

全期生长型苗木硬化期的生长特点与播种苗相同。

育苗技术要点：在硬化期前期生长型苗木的直径和根系生长旺盛。为了促进直径和根系生长，在硬化期可以施用速效氮和钾肥。但氮肥用量不宜太多，否则易造成秋季二次生长，降低苗木抗性。施氮肥的时间在硬化期的前期，即根系和直径生长高峰来临之前。

全期生长型苗木硬化期的育苗技术，参照1年生播种苗硬化期的育苗技术要点。

42. 红松移植苗生长有何特点？

移植苗一般是2年生或2年生以上的苗木，所以在移植当年的年生长过程中，表现出两种生长型的生长特点。

苗木在移植当年的生长过程中，按照它们的生长特点可分为成活期、生长初期、速生期和苗木硬化期。

（1）成活期　成活期是从移植时开始，到根系恢复主动吸水，地上部开始生长时为止。

苗木生长特点：移植之初苗木顶芽处于休眠状态，尚未开始生长。根系逐渐开始恢复功能，并开始出现新根。受伤的根开始出现愈合组织，此时期根系生长逐渐加快。苗木顶芽萌动，开始生长很缓慢。但地上部具有充分木质化的苗干，对自然灾害的抵抗力较强。

育苗技术要点：春季移植要尽量设法提高地温，保持适宜的土壤温度，使土壤经常处于疏松状态，以促进苗木根的再生。夏季移植要防止高温和土壤水分不足。成活期的持续时间因树种和环境条件而异，一般约为十几天至1个月。

（2）生长初期　生长初期是从根系恢复主动吸水，地上部开始生长开始到地上部高生长量大幅度上升时为止。

苗木生长特点：根系生长逐渐加快，被切断的根系的断面形成愈合组织，并在愈合组织及其附近生出新根。地上部分的生长由缓慢逐渐转快。

育苗技术要点：参照留床苗。

（3）速生期　速生期是从高生长量大幅度上升时起，到高生长量大幅度下降时为止，苗木生长特点和育苗技术要点同留床苗。但持续的时间比留床苗短些。

（4）苗木硬化期　硬化期是从苗木高生长量大幅度下降时起，到直径和根系生长停止时为止。苗木生长特点和育苗技术要点同留床苗。

43. 红松移植后为什么会出现缓苗现象？

所谓“缓苗”，是指有生活力的苗木在移植或造林当年与相同苗龄的同一树种留床苗或未经移植的苗木相比，出现延缓生长、降低生长量的现象。从生理生态学角度看，缓苗阶段是苗木在定植场所恢复正常生理代谢平衡及重建苗木与外界环境物质、能量代谢平衡的时期。只有当移植苗很快重新发根并恢复主动吸水的生理功能，苗木才能顺利通过缓苗阶段，避免死亡的危险。苗木的缓苗期（或缓苗速度）主要决定于树种的生物学特性（根的再生能力、苗木的生长类型等），同一树种苗木的缓苗期（或速度）往往受苗木活力、根系的机械损伤、苗龄型、造林地环境及栽植是否适时等因素影响。

目前生产中在比较不同树种或相同树种苗木的缓苗时，常用放叶或高生长的早晚来定性描述。

44. 红松换床时为什么要多留侧根？

红松不像水曲柳等树种的苗木具有较多的一级根，也不同于落叶松等树种苗木的根系具有较强的再生能力。红松 2 年生苗木的一级根总数只有 30～40 条，其中大于 5 厘米的一级侧根也只不过 7～14 条。在苗木根系未脱离原土壤环境条件下，虽然一级根数目较少，但由于一级根比较发达，还能满足苗木正常生长的需要。但起苗后一级根损失严重，数量和长度大减，又由于其根的再生能力弱，一级根便成为苗木成活的限制因子。

当侧根较完整时，栽植苗木成活率与主根长度有很大关系，但在一定主根长度范围内，影响苗木成活的关键则在于侧根长度。这充分证明一级侧根在红松苗木生存中有重要意义。可见，移植或造林时多留侧根将有利于红松苗木成活。

45. 苗木储藏时如何保护苗木活力?

导致苗木活力降低的主要原因是苗木失水、机械损伤、霉烂和提前萌动发芽。

（1）晾晒导致的苗木失水　在起苗、选苗、分级、假植、运输、造林等过程中苗木常常由于失水而不同程度地降低活力。在东北林区水曲柳、黄波罗、胡桃楸、紫椴等阔叶树比针叶树耐晾晒，针叶树桧柏、云杉、落叶松比红松、樟子松、赤松耐晾晒，最不耐失水的是樟子松、赤松。可见，红松抗晾晒失水比较差。由于苗木不同器官形态、功能的不同，根系是苗木最易失水而降低活力的器官。所以保护好苗木活力，从某种程度上说，主要是保护好苗木根系组织的活力，使根系在造林后具有迅速恢复再生的能力。研究证实，失水导致细胞膜破坏，从而使根渗出物的量增加，呼吸系统的脱氢酶活性降低，根系活力下降，定植后根吸水能力减弱直接影响苗木的水分代谢和营养吸收。失水轻者降低生长量，重者导致苗木死亡。所以，要想提高造林成活率，对造林苗木必须从掘苗到栽植的各个环节注意保护苗木根系活力。采用的主要预防方法是苗根临时浸水、苗木出圃各道工序中实行喷淋水。除此之外，还可用泥浆沾根、人工合成根系保护剂沾根处理。

（2）机械损伤　苗木根、径、叶的机械损伤对苗木活力的影响程度是不同的，而且这与苗木的种类有关。光合器官的轻度损伤（叶面积的减少），只降低了光合产物的积累和向生长中心的分配。苗木、根系的严重损伤，常常导致苗木死亡。对于落叶松，苗梢的损伤并不影响苗木的生命力；但对于红松等常绿针叶树种，茎干机械损伤、针叶严重损伤或枯死常导致苗木死亡而失去利用价值。然而在裸根苗出圃过程中，机械损伤是不可避免的。防止苗木机械损伤的最有效措施是改良苗圃地的质地，使圃地耕层为砂壤土或轻壤土。同时，在起苗时保持土壤湿度在湿润酥软结持范围内，选择合适掘苗机具起苗。

46. 如何培育红松壮苗？

所谓壮苗是指生育健壮，抗逆性强，移植或造林后成活率高的高活力苗木。不同树种的壮苗标准常有自身的特点。

目前，我国造林生产经营比较粗放、管理比较落后，造林用苗质量低，有的甚至是死苗。要摆脱造林质量差、效益低的局面，必须采用高活力壮苗造林。森林苗圃培育高活力壮苗的关键在于保证幼苗质量、促进根系发育、协调根与茎叶的关系、保持苗木活力。

（1）保证幼苗质量　保证幼苗质量在于播种时选用高活力的优质良种，保证顺利发芽与出土的田间环境条件，加强幼苗期的管理。这就需要根据不同树种的特性，采取相应措施，达到上述的要求。从苗木培育生理学角度分析，在幼苗生长初期幼苗管理的重点是促进根系的生长发育，为苗木以后的协调生长打下坚实基础。

（2）促进根系发育、协调地上地下的比例　促进根系发育、协调地上地下的比例关系，要以苗木生长发育规律及苗木生态学为基础。生产中利用苗木根系具有生长能力相对较强、异养性、根尖不抗干旱、生长适温较低并易受土壤条件影响等特点，采取下列壮根措施。

改善土壤物理性质：苗木根系生长要求土壤水分适宜、通气良好。这样一方面能促进好气性微生物的活动，增加土壤中可被利用的养料；更重要的是可以满足根呼吸对氧的需求。适当增加水肥，能促进根的生长，诱导根的旺盛分枝，增加根的吸收表面。所以，改善土壤物理化学性质，增加土壤透气性，提高地温，适当增加水肥供应是促进根系发育的基本途径。

切根与修根：切根与修根是苗木壮根的重要生产措施。科学的切根与修根能诱导苗木产生大量的纤维性须根，提高苗木的生长潜力及造林成活率。

化学措施：施磷、钾肥可促进根系生长发育，增加根冠比。同时，采用生长调节剂（例如矮壮素等）、微量元素肥料都能起到良好的效果。

(3) 保持苗木活力 苗木脱离原生长的土壤环境条件时，活力极易降低，从而使几年的苗木培育结果化为乌有。保持苗木活力是高活力苗木上山造林成活的前提条件之一。在育苗生产过程中，苗木的换床、假植、贮藏等环节及造林过程中，苗木易受环境的影响而降低活力。所以，要采取措施保持造林苗木的活力。

47. 红松苗木的施肥？

(1) 土壤营养 要使苗木生长健壮，发育正常，最后获得高产，就得满足它的营养。植物的土壤营养，包括植物从土壤中吸收的各种矿质元素、小分子有机物、水分以及极少量的二氧化碳。有16种元素是植物生活中的必需元素。这些元素是：碳(C)、氢(H)、氧(O)、氮(N)、硫(S)、磷(P)、钾(K)、钙(Ca)、镁(Mg)、铁(Fe)、硼(B)、铜(Cu)、锌(Zn)、锰(Mn)、钼(Mo)、氯(Cl)。

生产实践和溶液培养试验均说明，植物对16种必需元素的需要量并不相同，对有些元素需要量大，对另外一些需要量则很小。植物对碳、氢、氧、氮、硫、磷、钾、钙、镁9种元素需要量大。在培养液中，其含量常以克/升计算，人们称这些元素为大量元素。钼、锰、铜、氯等需要量小，培养液中的含量仅以百万分之一（ppm）或毫克/升计，这些元素被称为微量元素。

在上面谈到的16种元素中，尤以氮、磷、钾三元素在植物代谢中有着极重要的生理作用。当这三种元素缺乏时，植物的生长发育严重受阻或很快衰老死亡。由于植物对它们需要量很大，而一般土壤又常常供应不足，因此被人们称之为植物营养中的“三要素”。

植物从土壤中吸收的氮素，主要是铵态氮（NH^+）和硝态氮（NO_3^-），也可以吸收利用小分子有机态氮，如尿素和氨基酸。氮素肥料是决定苗木质量、种实产量高低的最重要因素之一。氮肥供应充分时，植物生长健壮、分枝多、叶色油绿、光合作用强度大、产量高。但氮肥供应不能过多，过多时植株发生疯长，容易倒伏，成熟也延迟，产（质）量降低。

植物缺氮时，生长受到严重阻碍，苗木株形矮瘦，分枝少，叶色淡黄，有时还呈红色（有花青素形成）；母树结实少，种子不饱满，产（质）量也降低。

植物缺磷时，光合作用不能进行，生长发育也会停滞。在大田生产中，如果缺乏磷肥，氮肥也不能发挥作用。植物缺磷时，叶片有时呈红紫色，这是由于缺磷后，糖分不能转化为蛋白质等物质，而转变为花青素的结果，大量花青素在细胞液泡中累积，植物组织即呈现红紫色。缺磷苗木常长得矮小，根系不发达，呈鸡爪状。有的苗木叶片并不呈紫红色，而呈深灰绿或暗绿，这是因为缺磷时，细胞生长慢，而叶绿素含量相对增多的缘故。

缺钾植物的碳水化合物合成受阻，纤维素和木质素合成减少，茎秆长得软弱，容易受病害的侵染。缺钾植物的下部老叶，常出现黄斑，随后叶尖和叶缘呈褐色，最后变枯焦呈烧灼状态。

（2）苗木施肥　确定苗木施肥期是合理施肥的重要方面。由于树种生物学特性不同，苗木的生长发育规律不同，它们开始吸收营养元素的时期也不同。同一树种苗木的施肥期，因苗木类型及苗龄不同而异。

一般说来，对基肥有明显肥效反应的树种、苗龄型，对追肥也常有明显肥效反应。红松苗木对追施的有机肥、菌肥反应较好。

如1年生播种苗，从种子萌发的幼苗，当幼根生出侧根之后，苗木就能逐渐开始从土壤中吸收肥料元素。但不同树种苗木此时对外界施入的矿质元素反应差别很大。例如落叶松和阔叶树种白桦、水曲柳、黄波罗，此时对水肥反应敏感，而红松、樟子松等苗木生长对氮肥反应不灵敏。尤其是红松苗木，若施用追肥量过大，则苗木菌根数量急剧减少，生长反而受到抑制。

对于移植苗和留床苗的追肥时期，又与1年生苗有所不同。容易发根的某些速生树种（包括扦插苗），定植后不久施肥就有效果。例如落叶松移植苗、杨树扦插苗等，都是这样。然而，某些针叶树种的苗木就完全不同。例如云杉、水杉移植苗在定植初期施肥不仅不起促进作用，相反，会引起苗木的死亡（此时根系正处在再生阶段）。

在生长季末，苗木地下部分停止生长而根系仍具吸收功能之际，可施一次越冬肥。这对保证苗木安全越冬及来年的生长有积极意义。

48. 红松苗的生长规律？

苗木的季节生长规律是由树种的遗传性所决定的，不同树种的苗木，其年生长规律也不相同。同时，苗木的生长过程还受周围生态环境条件的影响。

（1）苗木的高生长　红松苗木属于前期生长类型，其苗木高生长持续期短，春季开始生长时，经过极短的生长缓慢期，即进入速生期。速生期也短，高生长很快就停止。在东北地区一般4月末至5月初开始高生长，到5月末至6月末高生长结束，高生长持续1~2个月左右。以后主要是叶子生长，新生的幼嫩新梢逐渐木质化，并出现冬芽。所以，红松苗木，常出现二次生长现象。红松苗木的高生长属于固定生长，因为这些苗木的冬芽中含有将要在下一个生长季中伸长的枝条和全部叶的原基。

（2）苗木的直径生长　苗木径在整个生长季都在生长，但径生长高峰与高生长高峰是交错的。2年生以上的全期生长型苗木，春季径生长的第一个高峰比高生长的高峰早，而前期生长型苗木、其高生长高峰比径生长高峰早。例如，红松苗木在先成枝生长旺盛的5月末6月初时，地径生长极其缓慢，在6月上旬新枝生长大幅度下降以后才开始加快，但在新枝结束生长、当年叶伸长速度达最大（6月中下旬）以后才明显加快，并一直持续到9月中上旬才开始下降。

（3）苗木的根系生长　苗木的根系始终是生长中心，它的生长与地上生长（高中心生长）是交错进行的。无论是前期生长类型苗木还是全期生长类型苗木，根系生长一般在春季先于苗木高生长，夏季根生长高峰在高生长高峰之后，而在秋季根生长停止的时期最晚。红松、云杉等前期生长类型的针叶树苗木的根系生长具有两个明显不同的阶段，即高生长高峰之前的根生长初期和与针叶生长高峰同步的根生长后期。根系的复杂化主要是在根生长后期完成的。

（4）叶的生长　叶器官总的说是光合中心，但在其初期生长阶段，它还是生长中心。叶季节生长有几种形式：有些树种的苗木在截节早期就达到最大的叶面积；有些树种的苗木是通过新叶原基的陆续产生来增加新叶（如落叶松）；许多裸子植物苗木，叶生长过程较慢，它们常属于具固定芽的前期生长型苗木。例如，红松固定芽中叶原基是在前一年8月下旬以后形成的。在第二年6月初叶原基生长达到可测量的程度，以后针叶伸长一直持续到8月末9月初，长达3个多月。

49. 怎样利用红松的二次生长？

红松幼苗耐阴，顶芽萌动较早，不怕晚霜。当年播种苗如果种子催芽处理良好，播种期适时，土坡水分、养分条件良好，常在第一次高生长结束形成顶芽后，能再次突破顶芽，形成第二次高生长（再生长），苗龄 2 年生以上的苗木，健壮苗普遍存在二次高生长现象。除早霜到来较早的山区外，第二次生长新梢不受霜害与冬季寒害。红松育苗第一次高生长开始与结束的时间表现较一致，而第二次高生长的开始与结束时间表现很不整齐。试验表明，土壤有适中的水分、养分是红松幼苗发生再生长的必要生态条件，尤以 7 月间更为重要。

50. 红松播种苗苗期的管理？

（1）出苗期　红松种子从播种到发芽出土，春播种子约 20～30 天，种子催芽是否充分，决定出苗期持续时间长短。经过催芽的种子，在土中遭低温冻害时，会明显延缓出苗期。种子在土中遭冻后，多浇水可减轻害情。在正常情况下，红松播种后因覆土较厚，幼苗出土后，主根已长达 3 厘米，最长者可达 4.5 厘米，胚茎粗 0.2 厘米，浇水次数可比其他针叶树种苗少些。但遇高温、干旱天气，当地表温度达到 40℃以上时，根颈部易被灼伤，而被灼部位多在土中 2 毫米和地上 2～3 毫米处，在开始灼伤时为紫黄色，凹下呈皱纹，伤口一般长 5 毫米，中宽二端尖。被灼伤的幼苗很快萎蔫而死亡，因而要及时浇灌降温水。

该物候期内育苗工作的管理要点：一是浇水，防止种子芽干，土壤含水量保持在 25%～35%，但土壤湿度过大后，根系容易腐烂，土壤湿度过低，根系不能生存，苗木就凋枯；二是防止鸟害和鼠害；三是除草松土。

（2）扎根与高生长期　红松幼苗出土后即进入扎根期，此时地上部分除高生长较为明显外，其他部分活动非常缓慢，但幼苗的主根生长却非常迅速，从 5 月上旬到 6 月初，主根可扎入土中

8～10 厘米，其生长量占全年主根总生长量的40%。当种壳脱落，子叶大部露出后便可在主根上看到发育的原基裂口，此时大部分苗木的主根上已长出了4～5 条侧根，长达0.3～0.5 厘米。

播种陈贮的种子或高温催芽处理的种子，幼苗出土后，种壳长时间不脱落，而且出土后的幼苗遭受日灼危害严重。出苗后猝倒型立枯病较轻，而根腐型立枯病较重，但发病缓慢，影响生长，延长培育苗木年限。土壤消毒或采用常规的药物防治，其效果常常不如选择适宜红松幼苗生长的土壤及注意轮作等措施。

红松幼苗从开始扎根起，顶芽即开始膨大，一周后高生长开始，但其高生长期很短，生长量很小。从5 月中旬生长点开始膨胀到6 月末顶芽形成，只有40 多天。而生长最迅速的时间，约从5 月中旬起到6 月上旬止，只有20 天左右，在此期间内高生长量只有1.5 厘米。根据在哈尔滨林场观测表明，红松的高生长与温度和湿度有关，当气温达到17℃时，高生长开始，当气温继续升高，相对湿度降低和蒸发量增大，当三者达到交点时，高生长即停止。说明高温干燥的条件对红松幼苗的高生长是不利的。幼苗针叶颜色是否鲜绿和针叶长短是此时期苗木生活力强弱的标志。

该物候期内育苗工作的管理要点：防止鸟害；浇降温水，防止日灼；防治根腐型立枯病和加强土壤管理，但追肥效果通常不明显。

（3）生长旺盛期 从顶芽形成时起，到生长速度下降时为止（从6 月末到8 月上旬），除高不生长外，根、茎、叶都有明显的增加，尤以地径增加显著，如地径生长量占全年总生长的100%，叶长占70%，主根长占60%，侧根长占75%～80%，侧根数达15～18 条，有的苗木还长出了二次侧根。

在该期内苗木生长的状况，基本上就决定了苗木的质量，因此，这一时期育苗工作的要点：加强土壤管理，促进苗木根系生长，为了翌年苗木生长良好。可在此物候期内追施磷肥和腐熟的人粪尿。

（4）生长后期 红松幼苗生长延续到8月末后，除叶生长有少量增加及侧根继续生长外，其他器官均停止生长，苗木逐渐木质化，而后进入休眠。在此物候期内，育苗工作的要点是：防止霜害和秋涝，并做好越冬防护工作。

当年生红松播种苗多留床越冬。实践证明，用土埋防护效果好，尤以苗床南侧或迎风面，宜厚宜严。在冬季风大，空气干燥和降雪少的地区，这一工作更要加强。埋土时间一般是在气温稳定地降到0℃以下时，撤土时间在翌年春季平均温度在5℃以上时进行。

51. 如何管理红松1年生播种苗木？

根据播种苗当年生长的特点，把其生长过程划分为出苗期、幼苗期、速生期和苗木硬化期。

（1）出苗期 出苗期是从播种到幼苗地上部出现真叶，地下部出现侧根时为止。

幼苗生长特点：种子萌发形成幼苗，子叶出土型幼苗，未生出真叶；子叶留土型幼苗，真叶尚未展开；针叶树种的子叶出土后，种皮未脱落，未出现初生叶。此时幼苗只有主根而无侧根，不能自行制造营养物质，其营养来源主要是种子中所贮存的物质。这时地上部生长很慢，而根生长快，出苗期需要适宜的水分、温度和通透性较好的土壤条件。

出苗期的长短，因树种、播种期、催芽强度和当时气象条件的不同，差异甚大。春播的种子，出苗期多为3～7周，但生长快的树种约10日，而生长慢的达8～12周。夏播的种子，约需数日至两周。

育苗技术要点：在出苗期主要是使幼苗早出土。为此要做到床面（或垅面）平整土粒细小而均匀，种子催芽充分，适时早播种，覆土厚度适宜而均匀，播种时土壤水分要充足防止播种地土壤板结。春播时要创造提高土温的条件。为了防止高温危害，可浇生态水，需要遮荫时可在出苗期或幼苗期开始遮荫。

(2) 幼苗期 幼苗期是自幼苗地上部出现真叶，地下部出现侧根开始到幼苗的高生长大幅度上升时为止。

幼苗生长特点：幼苗期的前期，红松幼苗已脱壳，出现初生叶，开始高生长，地下部分生出多次侧根，主要根系的分布深度逐渐向深处发展，可达10余厘米。

幼苗期之初，高生长缓慢，根系生长较快，随着幼苗地上、地下部分的生长，幼苗生长由缓慢逐渐加快，直至进入速生期。

幼苗期的持续期，因树种不同，变幅很大。夏季播种的树种，幼苗期持续期为3~5周左右，春季播种的约为5~7周，生长缓慢的树种可达2~3个月。

育苗技术要点：幼苗期的前期，苗木幼嫩，根系分布较浅，对不良环境条件的抵抗力弱，死亡率高。在这时期，主要是防低温、高温、干旱、水涝和病虫害等自然灾害，并促进根系生长，给速生期打下良好基础。幼苗期是需肥临界期，此时苗木对氮和磷较敏感，所以在幼苗期适量施肥能提高苗木质量和合格苗的产量。生长快的树种，应进行间苗和定苗。对于生长慢的针叶树苗，如果过密也应开始间苗。要积极采取预防措施防治病虫害。

(3) 速生期 苗木速生期，是从苗木的高生长量大幅度上升时开始，到高生长量大幅度下降时为止。

苗木生长特点：在速生期多数树种的苗木地上部分和根系的生长量都是全年最多的时期。苗木在速生期，根系发达，分布深度可达20~50米，枝叶逐渐增加（生长快的苗木已生出侧枝），已形成较完整的营养器官，根系能吸收较多的水分和矿质营养，地上部能制造大量碳水化合物。在环境因素方面，气温较高，土壤的温度和水分适宜，最适合苗木生长。一年生播种苗，在速生期中，一般要出现一次（南方树种有1~2次）高生长暂时缓期。

速生期的长短和来临的早晚，对苗木的生长量有直接影响。北方春播苗木的速生期多在6~8月之间，1至2个半月左右，南方树种的速生期能延续到9月，持续达3~4个月。

育苗技术要点：速生期是决定苗木质量的关键时期，苗木在速生期需要肥水最多，故从速生期前期就要适时适量地进行追肥与灌溉，并注意防治病虫害。对针叶树种最迟要在速生期前期定苗。在后期为了促进苗木木质化，提高苗木抗性，要适时停止施用氮肥和灌溉。

(4) 苗木硬化期 苗木硬化期，也称苗木生长后期，从高生长量大幅度下降时起，到根系生长停止时止。

苗木生长特点：高生长速度急剧下降，不久便停止，继而出现冬芽。苗木含水率不断降低，营养物质转入贮藏状态，苗木的地上部和地下部都逐渐达到完全木质化，苗木对低温和干旱的抗性提高。

1年生播种苗进入硬化期不久高生长即停止，但此时直径和根系还都在生长，并各出现一次生长高峰。1年生播种苗硬化期的持续期约为6~9周。

育苗技术要点：这个时期的主要任务，是促进苗木木质化，防止徒长，提高苗木的抗性，故要停止一切能促进苗木生长的措施。前期生长型苗木，可以适量施肥以促进来年生长。

52. 2年以上红松苗木怎样管理？

2年生以上苗木物候与管理红松2年生苗和2年生以上苗木的物候期相同，除育苗密度有差异外，其他管理工作大致相似。

(1) 萌动期 是从树液流动，针叶变色到顶芽萌动，一般为15~20天。2年生以上红松苗从4月上旬树液开始流动，当气温达8℃时，顶芽萌动。红松芽抵御霜冻能力较强，但针叶怕干旱强风，尤其在撤防护物后1~2天，如遇干旱风，叶色即变黄。实践证明，浇水可减轻受害程度，在根腐病严重的地块，此时期浇水过多，会加剧病情，要引起注意。

(2) 苗高低温生长期 从越冬芽萌动到新顶芽形成，一般为

50～60 天。当气温达 10℃时，顶芽和侧芽开始生长，气温达 20℃时，高生长停止，形成新的顶芽。这次苗高生长一般结束在夏至前，生长量占全年苗高总生长量的 60%～70%。

在该物候期内，苗木对水、肥、气、热条件的变化反应敏感。在土壤水、热条件良好的情况下，追施氮磷肥效果良好、见效快。

（3）夏季休眠期　从春季顶芽形成到顶芽重新突破，历时为 20～30 天，新生针叶普遍形成，针叶颜色及针叶长度可表示苗木在相同光照条件下生活力的强弱。针叶长，颜色鲜绿，气孔带明显者，指示苗木生长健壮。

此物候期内，除苗木没有高生长外，苗径、根系及干物质积累都有所增加。但追肥，灌水措施对促进苗木生长的效果比较小。

（4）苗高高温生长期　从春芽萌动到越冬芽形成，一般为 15～30 天。当光照条件良好，土壤的水、肥、气、热条件适宜，2 年生以上的红松苗普遍出现第二次高生长。但在光照不足或水、肥条件差，则第二次高生长消失，或仅在个别苗木上出现，而且生长量也低，一般情况下，该物候期形成的苗高生长量可达全年苗高总生长量的 20%～30%。

在该物候期，苗木生长对水、肥条件反应敏感，应加强这方面的工作。在黑龙江省红松分布区的偏北地带，如果此物候期拖后，则新生梢木质化不良，遭遇强霜冻时，有受冻害的危险。

（5）生长后期　红松苗越冬顶芽形成后，便进入休眠期。但苗木根系在休眠期开始，有一次明显生长，地上部分干物质积累也在微弱进行。2 年生以上苗木，在冬季干寒的地区，仍需土埋越冬，或掘苗窖藏。红松苗主根不甚发达，须根少，掘苗容易，机械损伤少。

53. 红松苗木怎样假植？

红松苗木越冬假植可采用开沟沙埋法。其方法是：选择排水良好，地下水位稍低的地段，挖宽1米，深40厘米的沟。长度根据苗木数量决定，沟底铺一层5厘米河砂，苗木沾水后向下接湿沙。苗木直立排摆，每排苗木捆之间留5~10厘米间隙，用沙隔开。苗根苗颈用湿沙（含水量15%~18%）堆培。最后用湿沙盖平假植沟，其上再覆20厘米厚土，盖土时间应在霜降至小雪期间进行，切勿过早。

红松从起苗到假植的过程，不晾晒苗根，是保证换床及造林成活的关键之一（表3）。

表3 红松（1~2）苗根水势对造林成活率的影响

晾晒时数（小时）	0	1	2	4	6
根高水势（-兆帕）	0.45	0.82	1.26	1.86	2.45
造林成活率（%）	97	86	84	31	23

54. 红松苗木如何安全越冬？

全光培育的红松苗木及皆伐迹地上营造的红松苗木，如果防护不当，会造成越冬期间大面积死亡。红松苗越冬伤害的外观特征是顶部针叶经冬逐渐失绿、变褐，天气转暖后（3~4月份）变为红褐色，即所谓的“红松红帽”。轻者当年针叶死亡和凋落，顶端枯死由侧枝萌发而成丛状，严重影响苗木生长；重者导致苗木死亡。

关于造成常绿针叶树苗木越冬伤害的原因，目前有3种学说：生理干旱伤害、晚霜冻害及光氧化伤害。持生理干旱伤害看法者认为，红松幼苗越冬伤害是由于经过漫长寒冬的蒸腾失水，苗木体内水分长期得不到补偿所致。部分人认为，红松幼苗早春枯梢与苗木抗性减弱以后遇上寒潮低温等因素有关。中国科学院林业土壤研究所经多年研究证实，红松幼苗越冬伤害和生理干旱及晚霜两种逆境无关。他们发现，红松苗只要暴露足够长的时间，针叶的伤害就开始出现并逐渐积累，直到幼苗死亡，而适度遮荫在不增加针叶含水量的情况下即可免除这种伤害。显然，诱导红松苗木越冬伤害的主导因子是冬季的强日照。冬季强日照的伤害作用并不表现在使针叶过度失水，而表现为叶绿素的过度漂白和光合能力抑制期的大大延长，从而使叶绿体的光氧化伤害达到了不可逆的地步，从而引起针叶的死亡并进而导致整株苗木的死亡。

目前，苗圃中常采用覆土、盖草或覆雪（雪大的地区）的方法防除太阳辐射的直接伤害效应。埋土时间一般是在气温稳定地降到0℃以下时，撤土时间在翌年春季平均温度在5℃以上时进行。遮荫在将来可能成为一种更简便的越冬保护措施。国外也有采用喷水封冻苗木的有效防除办法。在造林迹地，常压倒苗木或给苗木盖草以防除光氧化的伤害。

第五章 红松用材林培育

55. 为什么人工红松林难以成材?

长期以来，生产上较多采用的栽培管理方式为全光育苗、全光造林（皆伐迹地杂草、灌丛全部清理掉，使所栽红松苗处于全光之下）和全光抚育（幼林抚育中清理掉混生的乔、灌、草，保持红松的纯林状态），使造林地的红松完全脱离了原有天然条件下生长的自然环境。初期还看不出有什么问题，但到后期就出现了成林而不能成大材的情况。这种从小就在全光条件下生长的人工红松纯林，初期生长要比林下更新的红松苗木快得多。但长期在全光条件下，喜光虫害（主要是松梢象鼻虫和松梢螟）的发生以及林木的早熟（7～9 年便开始结实），造成林木早期分杈（主干分杈高一般 4 米）和平顶，35 年林内结实率即达 90% 以上，一般 30 年高生长明显减退，65～75 年达主伐年龄（主伐年龄系根据现行红松速生丰产林标准）时，林木全高不超过 20 米。这就与天然林内“高干巨径”的红松有着明显的反差。通过调整混交林分的结构，创造“上方透光，侧方庇荫”的林隙环境，既可以降低分杈率，又能保证高生长量，还可以合理分配高径生长。人工红松林要达到成材的要求，应该走混交林的道路。

56. 培育大径材为什么要走人工混交林的道路?

目前营造的人工红松林，最初设想的经营目标都是纯林的模式，即采用短轮伐期的办法，一代一代通过皆伐方式维持纯林的结构。通过对原始红松混交林和人工纯林的对比，说明培育大径材的红松，不宜采用纯林和短轮伐期的经营。为了改变纯林的种种弊端，目前人工红松纯林应尽早改变原有的经营方向，走人工林混交化和天然化的道路。这就是说应改皆伐为择伐，并注意保护林内天然发生的阔叶树或栽种其他原有贵重树种形成混交林，并以培育大径材为目标，逐步做到多效益的持续利用。

57. 如何经营半人工红松林？

半人工林（人天混）主要是指在原始红松混交林皆伐迹地上所营造的人工红松纯林，因未及时进行抚育，天然更新起来的阔叶树混生其间，形成人工与天然更新混合的森林。这类森林是有别于人工纯林和天然林的一种特殊类型。

“定株定向”培育的方式：“定株”是确定红松培育木及其周围阔叶树群（植生组），利用红松周围上方和侧方的辅佐木（阔叶树和灌丛），人为给红松创造一个透光的垂直空间，即上方透光（护着别盖着红松主枝）和侧方庇荫（挨着别挤着红松侧枝）的适宜林隙条件。“上方透光”是要避免全光和直射光的照射，不仅有利于防止早结实和虫害的发生，避免主干早分杈，而且也促进高生长；“侧方庇荫”不仅抑制直径的增长，相应地也增加了高生长。

当然经营中也应考虑红松不同生长阶段对林隙透光的反应，不断调整空隙度。这是培育红松成为高干良材的重要途径。“定向”培育是根据林木特征和所处立地条件，按照现有红松主干分杈的不同高度、结实层厚度、树冠形状、结实的频度及数量确定其经营方向。分杈高的可培育大径材，分杈矮的结实多的可培育坚果树。因此，同一林分中可以在不同时期内，根据择伐思想培育出不同用途的红松。改变过去红松透光伐作业中砍掉全部阔叶树，并培育成纯林和最后一齐采伐的做法。今后对这类森林的经营应是通过人工或天然形成的林隙条件，不断进行人工和天然更新针、阔叶树种，维持森林斑块镶嵌的自然格局，培育成持续经营的择伐林相，以提高林地生产力和发挥多效益的作用。

58. 如何经营人工红松纯林？

原始老龄红松混交林皆伐迹地上，进行人工红松纯林的培育已有30~40年的历史，事实证明在全光条件下，红松顶枝极易遭受喜光松梢象鼻虫及其他各种危害，干高不足3~4米便开始分杈，树高7米前主干罕有不分杈的。而且一般20~30年生顶部便旺盛结实，不仅引起更多分杈，顶枝向上生长也显著降低。然而红松在天然状态下，总是与多树种相伴，构成异龄混交，林下有灌木、草被与厚厚一层枯落物。最后红松总是在与万物竞争中独占鳌头。如前所述，采用人工纯林办法要培育出高干巨木的高质量材几乎不可能。1987年发布的红松速生丰产林标准(ZBB64003)，是期待通过培育高密度红松纯林的办法，于短期内(6~7年)达到速生丰产。这种做法最初10~30年高生长能够速生，但以后生长缓慢，最高也不会超过20米，而且主干分杈的高度更矮。所以采用这一速生的办法，很难培育成高干良材，建议不宜作为大面积推广的标准。应该说实行全光培育和发展“三同林”，继续走纯林-皆伐-纯林的道路，违背了红松自然发育的过程，不能像天然林那样成为大径优质商品材。对现有人工红松纯林的经营，应采用长期多次循环的抚育作业，使之成为近自然状态的异龄团块镶嵌混交，最后向着保留有部分大径老龄木的择伐系统发展。改造阔叶树混交的措施有二：

一是对现有幼龄期的人工林，可通过早期抚育手段，使纯林尽早尽快地增加树种组成成分和结构上的多样化，如发现混生或林下有阔叶树（不论是否有经济价值）的地方，解放现有阔叶树，同时团块状（3~5株或更多）或单株伐掉一部分无生长前途的红松木，留出较多空隙进行整地，借助周围有丰富天然阔叶树种的种源，促进天然更新。必要时也可进行人工直播和植苗，逐步向混交异龄方向过渡。以后的经营措施应是以择伐和培育大径材为目标，逐步做到多效益的持续利用。

二是对中后期的人工林，采用两步走的办法。第一步先是对现有纯林的培育，进行修枝与间伐工作，加大培育良材的力度。修枝是因为在全光条件下，红松树冠发达，侧枝粗壮，自然整枝不良。郁闭后，下部出现枯死枝，久不脱落，容易生成死节，影响材质，降低出材等级。通过人工整枝，去除林冠下层的枯死枝、濒死枝、病虫枝和部分活枝，可以改善林内通风透光条件，减少病虫害，尤其是对分杈木的修整可改善干材利用率。修枝开始的年限，应根据造林密度和幼林郁闭的早晚而定。间伐是改善林分状况，加速林木生长，缩短工艺成熟期的有效措施。为防止因虫害发生顶梢继续分杈，应保持森林有较高的密度，造成林木彼此相互庇荫，不利于松梢象鼻虫的繁殖和抑制林木的早结实，利于促进主干向上生长。一般树冠的长度不低于树高的 2/3 或 1/3 时，就不宜进行间伐。只有等树高基本停止生长时，才考虑加大采伐强度，以促进直径生长，增大林木材积。林内有阔叶树存在或发生时，必须加以保留，林下灌木和草被也不宜做过多的清理，以增加生物多样性。第二步通过逐步对成熟木进行单株或团块状择伐，有选择地采伐部分林木，同时在林隙间人工或天然更新阔叶树和红松，经过若干代的努力，使之形成团块镶嵌异龄混交即择伐系统的林相，为森林的持续经营奠定基础。

对于人工红松纯林因虫害或其他原因造成林木分杈过多，而且一般林木分杈高度在 4 米以下，难以培育成用材林的林分，可以考虑改为商品种子林。可加大间伐强度增大受光量，以促进树冠的发育和结实，像培育果树那样经营红松纯林，以满足市场对食用种子的部分需求量。

59. 怎样选择红松优良林分？

母树林经营区林业用地按照生产潜力和经营方向与目的，划分为采种、培育、防护和更替 4 种经营类型进行分类经营，从而改变了传统的母树林经营模式，充分发挥母树林的资源生产力，最大程度地获得高质量的红松种子。在母树林的 4 种经营类型中，采种经营是重点。为此，如何选择优良林分显得尤为重要。选择优良林分的技术关键是确定林分分级指标和优良林分标准，为此，必须明确林分调查因子。林分调查因子分环境因子和林木形质因子。由于有丰年、歉年和平年之分，单凭某一年母树结实量的多少，不能真正地反映母树的优良程度。根据多年的调查资料测定，有下列 5 个因子与结实量的关系比较密切，即胸径、树高、冠幅胸径比、树冠饱满度及生长势。衡量母树优劣的标准一是生长迅速，形体高大，胸径、树高明显大于平均值；二是树干通直圆满，尖削度小；三是冠形匀称，侧枝较细；四是无病虫害，无机械损伤，无大的死节和枯顶；五是能正常结实。当每株树木的优劣确定后，就可以统计林分内优良木、中等木和劣等木占的比例，从而确定优良林分。一般来说，优良木株数占林分总株数的 20% 以上即为优良林分，劣等木在优良林分中不得超过 30%。

60. 怎样进行红松后备用材林的培育？

20 年左右的红松人工林，由于营养及光照充分，出现了结实分杈现象，这对于继续干材培育是不利的。天然红松林，一般80 ~ 100 年开始结实，其分杈高度为 18 ~ 20 米。红松是构成阔叶红松林的主要组成树种，阔叶红松林又是地带性顶极森林植物群落，具有最大的生态稳定性、生物多样性和生产力水平。在天然阔叶红松林采伐殆尽的今天，为恢复森林的经济、生态和社会功能，必须积极地营造红松人工林，这是林业专家的普遍看法。红松本身具有双向利用价值，红松既是培养大径材的用材树种，又是种子营养丰富的经济树种。但是，必须认识和遵循红松生长发育的规律，实施正确的经营措施，方能收到“双向培育”的效果。对红松人工林早实分杈现象，专家们初步研究认为，是营造纯林和充分光照的结果，改变红松的天然生长发育条件，虽然加快了红松的生长速度，但打乱了红松天然生长发育的节律，结果出现早实分杈。红松的天然更新和自然演替是在林冠下进行的，经过多世代的演替，形成复层异龄结构是原始阔叶红松林的基本特征，也反映了形成阔叶红松林所需要的基本自然条件。营造纯林和不适当的上层透光，使红松改变了天然的生长发育条件，早实分杈是实施人工造林的经营措施带来的必然后果。总结红松的生长发育规律，我们认为采伐迹地造林，注意保留部分天然更新的阔叶树，除伐除直接影响红松生长的周围阔叶树外，对上层林冠始终保持0.3～0.4的郁闭度，禁止全面透光，使其形成针阔混交林。

61. 修枝对红松生长有何影响？

红松林木由于其油脂分泌旺盛等生物学因素作用，自然整枝不良、人工修去冠下的一部分活枝和全部濒死枝、死枝对林分材积提高的作用。据研究修枝材积生长率比对照最大高出2.89%(1993)、最小高出0.17%（1994)，平均高出1.69%。

62. 修枝对红松干形有何影响？

修枝可显著增加树干的圆满度，改良了干形。其原因：修除冠下部活枝后，同化物质从树冠向下流经修枝切口时，不能直接通过，必须绕道、切口之间的狭窄区域运往下方，这样就影响了同化物质的运输速度，造成同化物质在切口上部积累，下部同化物质减少的状况，因此修枝能够提高了树干的圆满度。

第六章　红松坚果林培育

63. 什么是红松坚果林？红松坚果林与红松种子园有什么不同？

红松坚果林，属经济林范畴，是根据当地自然条件和经济背景，以经营食用或深加工后生产医药用松籽油的红松种子为主要目的，同时兼营木材的人工林或天然林。

红松种子园是用红松优树无性系或家系按设计要求营建，实行集约经营，以生产优良遗传品质和播种品质种子为目的的特种人工林。

因此，红松坚果林与红松种子园的区别是：

（1）经营目标不同　红松坚果林生产的种子，是为了食用或深加工后生产医药用松籽油，所追求的是种子产量高、营养成分（出油率、不饱和脂肪酸、亚油酸、氨基酸、维生素等）含量高；红松种子园生产的种子，是为了培育用材林用种，所追求的是木材生产量的提高。

（2）建园材料不同　红松坚果林所选用的建园材料是结实量大、产量高，种子内含营养成分多，而且经过各种营养成分测定后评选的优树；种子园是经过表型选择和无性系子代测定后评选的优树或优良家系。

（3）建园无性系配置（包括家系）法不同　红松坚果林栽植无性系植株不需顺序错位排列法，而是把红松雌雄嫁接苗机械配置（图3）。

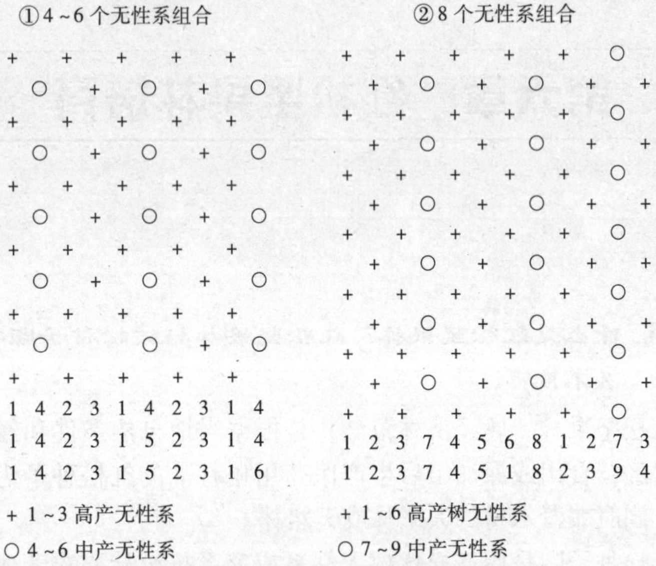

①4~6个无性系组合

+ + + + +
○ + ○ + ○
+ + + + +
○ + ○ + ○
+ + + + +
○ + ○ + ○
+ + + + +
○ + ○ + ○
+ + + + +
○ ○ + ○
+ + + + +
1 4 2 3 1 4 2 3 1 4
1 4 2 3 1 5 2 3 1 4
1 4 2 3 1 5 2 3 1 6

+ 1~3高产无性系
○ 4~6中产无性系

②8个无性系组合

+ + + + + ○
+ ○ + ○ + +
+ + + + + ○
+ ○ + ○ + +
+ + + + + ○
+ ○ + ○ + +
+ + + + + ○
+ ○ + ○ + +
+ + + + + ○
+ ○ + ○ + +
+ + + + + ○
+ ○ + ○ + +
+ + + + + ○
1 2 3 7 4 5 6 8 1 2 7 3
1 2 3 7 4 5 1 8 2 3 9 4

+ 1~6高产树无性系
○ 7~9中产无性系

图3 红松坚果园无性系配置图

64. 建立红松坚果林有哪些途径?

红松坚果林建立有4种途径。①现有红松人工林，经疏伐改建而成；②原有红松、樟子松人工幼龄林，经疏伐和高枝嫁接红松接穗改建成红松坚果林；③选择适宜立地，选择结实量大、种子品质好和营养价值高的红松优树，采集种子，经播种育苗后，新建红松实生苗坚果林；④选择适宜立地，从结实量大、种子品质好和营养价值高的中壮龄红松优树上采集接穗，培育红松嫁接苗，新建红松无性系坚果林。

65. 红松坚果树如何栽植?

红松坚果树栽植时期依地区气候条件而定，有春季栽植、雨季栽植和秋季栽植。嫁接红松容器苗不受季节限制，除冬天外，可以在生长期的任何时期栽植。栽植前对苗木一定进行较细致的检查，不合格的嫁接苗木都要选出，以免栽后影响生长和发育。

同时对受伤根和交错根进行修剪和顺理，剪掉在嫁接部的枯桩。如有严重枯梢病、红斑病要1∶800的多菌灵防治病害。为了保护红松果苗根系，防止干枯，一定要做好假植工作。假植地点选在背风、背荫地，盖土后要踏实、灌水，在定植前绝对防止果苗根系离开水分。

栽植前在已挖好的树坑内，填上一定量的菌根土和表层土，混拌15～25千克腐熟粪土作为搭配，再覆一层土，即可栽植果苗。栽苗深浅要根据土壤墒情而定，土壤干燥深埋，反之浅埋。如果采用灌水栽植，埋土要浅些，灌水后再埋平土。栽植的苗木放在坑的中心，注意使根群分向四方，用表土培根部，再把底土培上部，培到一半土后把苗子轻轻地向上提一提，使根部与土壤密切结合，培好土用脚踩紧踩实后，在苗木四周一定距离的地方，堆成一个小土圈，随即进行充分灌水，依照土壤干湿情况，每棵树大约灌25～40升水，水下渗后再用底土封穴面，培成15～20厘米厚的土堆，以防被风吹倒和土壤干旱。

66. 红松坚果树栽植密度如何确定？

栽植密度根据土壤肥沃程度、植被状况以及坚果林类型不同而不同。如果建立综合坚果林，即红松坚果行株间配置平欧榛子、李、杏、苹果、梨、刺五加等经济树种，其栽植密度要稀，可设计10米×10米、8米×8米、6米×6米。如果纯红松坚果林应设计5米×5米、5米×4米，但不能设计4米×4米或3米×3米，这样结构太密影响红松生长。也可设计坚果林与采穗圃在一起，栽植1株坚果树，再栽植一株采穗树，到一定阶段，淘汰采穗树。园区土壤贫瘠或坡度较大应设计6米×6米。坚果林初期可套种农作物如黄豆、绿豆、小豆、玉米、药材等，这样不但能加速幼树生长、提早结实，而且还能增加收入；但是，套种农作物时，不能够用除草剂。计算栽植株数采用下面公式：栽植株数＝园地面积/(行距×株距)，如果在一块土地上栽植红松坚果嫁接苗，采用行距为5米，株距4米，这块地可栽植500株苗。

67. 营造红松坚果林为什么还要选择授粉树呢？

由于红松株系间雌雄球花比例差异较大，存在偏雌和偏雄现象，如果在一个坚果林内偏雌树过多将造成花粉数量不足和种子品质降低，因此要适当增加一些偏雄性花粉树。选择红松坚果授粉树的条件：与丰产坚果树同时开花，有大量优良花粉，而且球果产量中等，特别能够与丰产坚果树亲缘关系远，杂交亲和力强。所以将丰产无性系与中产无性系按3比1或2比1配置。

68. 红松坚果林为什么需要配置授粉树？

红松坚果林需要把中产型无性树作为授粉树。这种树花粉量数和花粉质量都高于丰产树。为啥要配置授粉树？原因有三：一是红松坚果林建立初期花粉量不足，需要人工辅助授粉。而人工采集花粉既困难又没有可靠的优质花粉可采。二是虽然在建园时已考虑授粉问题，栽植中产型的授粉树，但是也不能满足丰产树所需要的花粉量。三是为了生产红松花粉，满足医药生产花粉原料。因此，要采集中产型坚果树的雄花部位1年生枝条为接穗，培育成中产树嫁接苗，作为授粉树；在园区的主风垂直方向，每隔25～50米栽植2～3行授粉树（参照图3）。

69. 红松坚果林为什么还要配置优良花粉林和防风林？

在红松坚果林四周或其主风方向要配置花粉树，主要目的增加林内花粉供应量，提高坚果的产量和品质；同时为了生产红松花粉，满足医药所需的花粉原料。

红松是要求温和、凉爽气候条件的树种，而且对大气湿度很敏感，要求空气湿度大。湿润对红松生长、发育的影响很大。湿润度在0.7以上红松生长较好，结实量高，所以培育红松坚果林，最好要栽植防护林。红松是浅根性树种，主根不发达，侧根水平展开，易遭风害。营造防护林能起到防风、增加积雪，提高园区大气湿度的作用。有防护林的红松坚果林产量会显著增加，所以要配置防护林。营造防护林时，应选择适合于当地的乡土树种，比红松生长快，生长期开始早的，不与红松树感染同样病虫害，又有经济价值的树种为好。如山杏、山槐、水曲柳、黄波罗等。

70. 发展红松坚果林选育良种的重要性？

在红松自然群落中，有丰富的变异，每株母树间结实性状差异显著，如种子产量、种子粒度、种子含油率、种子出仁率等。高产无性系单株平均年产种子7千克，用这样的无性系营造红松坚果林，20年后，平均每株树产种子7千克。但用中产树无性系繁殖的母树平均株产2.0千克，它们之间相差3.5倍。按每公顷栽植600株（450株丰产树，150株授粉树）计算，仅丰产树年结实量为3 150千克/公顷，授粉树结实量为300千克/公顷，由此可明显看出，选择优良品系母树对红松坚果生产有多么重要。所以要高度重视红松坚果良种选育工作，更要用优良种穗和种子发展红松坚果林。

71. 坚果型红松优树具备哪些表型特征？

红松坚果优树具备：结果早、结果多、种子品质好，还有抗性适应性强。优树如何选择呢？从表型性状入手，主要包括球果数量、结实量、结实层厚度等；其次是结实频度、出种率和种子千粒重等（表4）。调查雌雄球花枝，按雌雄3∶1选。不论丰歉年，优树的结实特征均表现是优良。连续3年以上评价，在候选树中选出优树。按下列标准在天然红松林和人工红松林内选择优树（表5）。

表4 红松天然林结实型优树选择标准表

地 区	树龄（年）	结实指数（%）	球果长度（厘米）	球果宽度（厘米）	千粒重（克）	出种率（%）
长白山	≤180	>2.00	>13.5	>8.5	>600	>45~40
小兴安岭	≤180	>2.50	>12.5	>6.0	>500	>45~40
完达山	≤180	>1.50	>13.0	>7.0	>550	>45~40

注：结实指数=单株球果数/胸径

表5　红松人工林结实型优树标准表

林龄（年）	球果类型	球果数量（个）	球果长度（厘米）	球果宽度（厘米）	千粒重（克）
35	大球果	>15	>14.5	>8.0	≥550
35	小球果	>40	>13.5	>7.0	>500

72. 如何在红松的人工林和种子园内选择丰产坚果型雌性优树？

选择坚果型优树，应主要放在红松初级无性系种子园和红松人工林内进行。在红松无性系种子园内，无性系后代的性状能够完全遗传母本结实特性，在25年生以上的进入开花结实期的红松无性系种子园中，选择树冠宽、大，树冠长，结实层厚度厚的母树，一般树冠宽/树冠长≥0.8～1.0；结实层厚度/树冠长≥0.8，结实型的无性系。这是近年来，在红松无性系种子园内总结的经验参数。再加上，种子园历年平均结实数加一倍标准差，这样的无性系后代的母树就是丰产型结实优树。

在红松人工林内，凡林缘、林中天窗周围的红松结实量都多，选择结实层厚度厚，树冠宽、树冠长、结实量多的个体。如果用平均球果数加一倍标准差选择优树，这样选择的效果会更好。如果年年调查结实量和果痕的数量，凡是结果量和果痕数都多的红松个体均视为优树候选树。对人工林，要经连续3年以上调查，方可评价出丰产结实型优树。把选出的优树位置绘制成图，登记建档加以鉴定，作为永久性的优树。

天然红松林的优树选择较困难，因为现有母树年龄约200年以下，结实量（球果）在120个以下，树高在25米，胸径60～80厘米，具备这样标准的母树在天然林内较难选。

73. 营造实生红松坚果林的种子来源及造林配置、密度？

为了提高坚果产量和质量，正确选择使用良种是关键。从红松种子园内的坚果型优树上采集种子，单独育苗和造林是良种来源之一；如果暂时没有选择出坚果型优树，根据实践经验从造林苗木中专挑选地径粗的，树高较矮的苗木也可以用于坚果林的营造。

实生红松坚果林可营造纯林和混交林。造林密度为800～1 200株/公顷。混交林可栽植黄波罗、水曲柳、核桃楸、红豆杉、云杉、刺五加、紫椴、槭树、山杏、苹果、梨树、楤木、大扁杏、平欧榛子等。混交方式最好为带状混交。

在低价天然次生林内，可以每隔10米宽营造红松坚果林。将保留的10米作为辅佐木，在其林下，经适当清理后，可栽植或保留藤本植物：山葡萄、五味子、软枣猕猴桃、葛枣猕猴桃、狗枣猕猴桃等浆果经济林，实现以短养长，早日获得经济效益。此外，这样也可以逐渐将低价林改造成高价经济林。

74. 实生红松坚果林如何进行间伐？

由于将实生红松种子林栽植密度控制在800～1 200株/公顷，所以每株树都能获得足够的均等的光照和营养空间，到了15～20年，树木的性别型表现特征也已经区别开了。结实型树冠偏大，树干较矮，已经开始结实；授粉树树冠偏窄小，树干较高。这时已进入间伐期，所以坚持雌雄比3∶1保留优树，防止雌雄比失调，影响结实量。最终保留160～180株/公顷，这时雌雄比3∶1即雄株40～45株，雌株120～135株。

75. 红松及樟子松人工幼林改建坚果林有什么必要性？

黑龙江省东北山区有大面积红松和樟子松幼龄林，这些幼龄林即将郁闭成林，或在阔叶林冠下，如果及时透光，间伐抚育，促进红松、樟子松茁壮成长，再通过嫁接将现有红松及樟子松幼林改建成红松种子园或红松坚果林。这样的改造工作用工量少、投资少，坚果林开花结实早、盈利大，是一项利民措施。黑龙建省带岭林业科学研究所从1990年开始改建红松坚果林，现在都已经进入开花结实期了，实践证明这是一项多、快、省的坚果林营建措施。红松人工幼林改建红松种子园和坚果林属于先定砧后嫁接的建园方式，不仅保存率高，而且砧木水分、养分充足，接穗容易成活，同时还可在砧木上部轮生枝一树多接，可一次成园。改建的坚果林能够提前结实4~5年。

76. 红松、樟子松改建坚果林具体措施是什么？

首先应正确的对林地选择和扶壮。选择背风向阳、排水良好、土壤层深厚、林地开阔、幼林高度在1.0~1.8米，密度为1 000~1 200株/公顷，上层木郁闭度在0.3~0.4；先对幼树进行透光抚育、中耕除草和修剪，使幼树有充分阳光，达到苗壮成长的标准。当红松或樟子松主梢够嫁接标准时，及时嫁接。

采用形成层对形成层，髓心对形成层贴接等方法嫁接。规划设计株行距3米×4米，每公顷嫁接800株左右，按数量准备充足丰产坚果种穗，熟练掌握嫁接技术，在红松或樟子松顶梢或轮生枝上进行高枝嫁接。接穗长度要在10~12厘米，要比苗木嫁接的接穗长些。嫁接后要及时除砧、松土、除萌、施肥等经营措施。

77. 为什么红松坚果林多采用嫁接方式？

在一个结实数量较多的优良单株红松树冠上采集若干枝条，经嫁接繁殖的若干子代群体称为一个无性系，这种嫁接繁殖方式叫做无性繁殖。建立高产优质的红松坚果林最好采用优良无性系穗条嫁接建园，这样建园方法可以保持采穗亲本高产优质性状不发生变化，也会使建立的坚果林提早开花结实，保证高产和稳产。同时还能使产品性状、收获期一致，有利于收获和加工。所以，建立红松坚果林应该走嫁接道路。

78. 红松坚果林营建采用何种砧木为好？

当前广泛应用的砧木树种有樟子松、赤松和红松。首先分析樟子松的生物学特性，其耐寒性极强（－50℃），也是抗旱性强的树种，根系发达，可充分利用土壤水分，喜光，适应性强，能在砂土、砂壤土、黑钙土、白浆土，甚至轻度盐土上生长，但不耐积水。其次分析樟子松的育苗成本，其种子便宜、育苗技术简单、苗木生长速度快，苗木适应性强；因此，樟子松做砧木已经成为首选。因红松种子价格较高，又是深休眠种子，种子处理复杂，育苗成本高，苗木生长慢；因此，红松不是首选树种。具体选择什么砧木，还要看建立坚果林立地条件，要适地适树，适合栽植红松地块就应该栽种红松做砧木，适合栽植樟子松地块就用樟子松做砧木。但是应强调，同砧嫁接，亲和力强，嫁接树很少发生风折、雪压的灾害；异砧嫁接，亲和力较差，大约有15%～20%嫁接树到20年，会发生风折雪压之害。目前尚未选育出红松与樟子松嫁接亲和力强的樟子松品种，尚需做砧木选育工作，同时，栽植异砧嫁接苗的密度要加大15%～20%。据报道，俄罗斯克拉斯诺亚尔斯克边疆选出当地欧洲赤松亲和力强的品种；朝鲜应用赤松为砧木其亲和力也很强。总之，应加强砧木选择，重视砧木育种工作。

79. 如何建立红松坚果采穗圃?

从种子园内、人工林内或天然林内选择结实量大的偏雌性优树及花粉量相对较多的中产树，两者按照3:1的比例建立采穗圃。从每株优树上采集穗条50～100个，采集的穗条单独捆扎，不要混。砧木用异砧或同砧，采用劈接嫁接法或髓心形成层对接法，将红松穗条嫁接到4～5年生樟子松或红松超级苗上，成活后的嫁接苗按照1米×2米或2米×2米定植。由同一个优树的枝条嫁接获得的个体栽种到一起，与另外一个优树的枝条嫁接获得个体不能混淆。为了争取时间，采穗圃也可以建立在人工林上，但砧木的树高在1.0～1.8米为好，树势生长健壮，林分尚未郁闭。建圃的前一年，要对砧木林扶壮（修枝、透光、间伐、松土、施肥、除草、病虫防治），保持株间距离1.5～2.5米。翌年立春，采用髓心形成层贴接法或劈接法进行嫁接，可在主枝或轮生枝上嫁接单穗或多穗。轮生枝嫁接时，应将中央领导枝（即松树的顶枝）

削去，其高度剪到轮生枝高度以下，目的是切去顶端优势，同时剪去树体上的病枝、徒长枝、霸王枝和力枝。

采穗圃用地　要求地势平坦，排水良好阳光充足，土壤疏松、肥沃，具有排灌设备的地块。最好四周有林墙（防风林）保护，为红松生长创造适宜的环境。

采穗圃的营建不是一成不变的而是滚动式的，随着对无性系结实情况的测定而不断改进，一般采穗圃可利用5~10年，然后再利用新选出的无性系重新建立采穗圃。

采穗圃的管理　为保持树势，供应健壮、优质、充足的穗条，必须加强圃地管理和评价工作。圃地管理主要内容有施肥、追肥，浇水，中耕除草，防治病虫害等。施肥：除建立穗圃之前施入一定量基肥外，一般每年施两次肥，春季在林木萌芽时施入，以速效肥为主，配合有机肥；秋末施肥，主要是有机肥，也可配合一定量化肥使用，按N:P:K=2:1:1施。浇水：配合追肥浇水3~5次。中耕除草：可进行3~5次。秋末要结合施肥浇水，进行一次松土抚育，深松土可改善土壤通气和结构状况，使采条母株根系向深广方向发展，扩大根系的吸收面积和能力。

80. 建立红松坚果林到哪里选择接穗？采穗优树的标准？

建立红松坚果林时，应该在同一种子区内选择优树采穗嫁接建立，因为同一种子区的红松遗传相似性大，对本区的气候适应性强，建立的坚果林基本不受寒、冻等自然灾害的影响。但是，如果本种子区内的资源不足，能否到别的种子区采集接穗呢？在邻近的种子区是可以的，原则上选择距离越近的地方越好。最好采用已进行过区域化引种栽培试验，经过鉴定的优良无性系。

由于是建立坚果林，因此采穗优树的标准应该以结实性状为主，生长性状为辅，通过走访调查年年上山采树籽的林农、种子园的经营者，凡是结实量较大，或者虽然结实量略小，但结实间隔期短的均可以选做优树。千万不能盲目、随意在红松树上采集接穗，否则影响嫁接的效果，失去建立红松坚果林的目的和意义。

81. 红松接穗如何采集和贮藏？

要选择生长状态良好，结实能力强的母树采集接穗，采集时间在嫁接当年3月上中旬或4月上旬，总之要在树液开始流动前进行。也可在7月下旬和8月上旬采集半木质化的接穗，应现采穗现嫁接。采集部位在树干上部的第2～3层轮枝，且是生长健壮的1年生枝条。接穗粗度在8毫米左右。接穗采集1次不宜过多，每株可控制15～20枝，以保护优良母树。接穗采集后要进行包装，保湿运输或用窖贮藏。利用农村菜窖贮藏，底部放50厘米的冰块，把接穗放入，封严窖口，窖内温度要控制在－5℃以下。

82. 红松坚果型嫁接苗如何起苗、分拣、包装？

在苗圃地培育的红松嫁接果苗，春季造林时，需要起苗、分拣、包装和运输，这几项工作繁重、时间又很紧迫。所以在起苗前应按起苗、检查、消毒、包装、浸水、发运等标准进行、组织好劳力，做到快起、快包、快运。

（1）起苗　为了保持根系完整，不碰伤枝干，掘土前要灌水，掘苗时，深挖土20厘米以上，保留原床土，慢拔苗，不摔不扔，集中放置，并及时假植，以防苗木被春风抽干。

（2）分拣合格苗木。

（3）红松做砧木的嫁接苗　接枝顶芽完整、接枝长度大于3.0厘米，地径≥7毫米，主根长≥18厘米，侧根数12～17根；樟子松做砧木的嫁接苗：接枝顶芽完整、接枝长度大于6厘米，地径≥8毫米、主根长≥20厘米，侧根数10～15根。凡是不符合上述标准的属于不合格嫁接苗木，应该继续留床培养一年，第二年再分拣合格的苗木用于造果林。

（4）检疫　红松嫁接苗在出圃前一定检疫，如果发现针叶有红斑病、落针病和红松球蚜一定要用药剂处理后再出圃；如果发现根部被蛴螬等地下害虫危害严重的果苗，应要选出不能栽植。

(5) 包装　嫁接苗 30～50 棵包一草包，并用草绳绑好，打包后用泥浆或保湿剂浸泡，在草包上要系上标签，并注明接穗产地，接穗性别型或丰产树品名、嫁接方法等。

83. 如何建立红松坚果型无性系评比园?

当前红松坚果型优树很少，尚没有优良品种推出，所以要建立优良无性系评比园，选出优良品种或品系。具体方法：

首先选择优树，根据以下 6 组结实性状进行选择，即坚果产量稳定型和波动型，早熟型和晚熟型，大果型、中果型和小果型，大粒种、中粒种、小粒种，油用型（含油量高于 70%）、食用型（含糖量和蛋白质量高、含油率低），种子薄皮型和厚皮型等。根据自己的育种目标，选出候选优树，采集穗条嫁接建立无性系。按随机区组设计，将不同无性系嫁接苗依据红松坚果林营建要求定植。然后按照丰产林的栽培技术来管理，使土、水、肥、保、管各项技术措施落实到位。定期调查生长、发育以及物候期，记录各栽培无性系生长发育的规律。经过多年比较，对各无性系的评定选出优良品系或品种。

84. 红松人工林改造成果材兼用林的具体措施是什么?

为了促进红松冠幅增大，早日进入结实状态，最主要措施是强度疏伐。抚育间伐对红松林直径生长和冠幅生长影响显著，随间伐强度的加大而增加。其中 30 年生以前的林分平均生长量比对照提高 20% 以上。

根据研究结果，确定以下疏伐参数：

(1) 林龄和疏伐强度的参数　红松人工用材林改建果材兼用林林龄应当在 15～20 年改建为好，超过 30 年改建效果不好。为给红松创造良好结实环境，保持郁闭度在 0.4～0.6。为了充分利用或改良土地，应栽植或保留经济植物（五味子、刺五加、田七、榛子、软枣子）或保留下木或营造肥料木，达到保持水土、涵养水源、提高地力的目的。疏伐株数强度 40%～50%，增加林内光照、提高地温，促进红松树冠扩大，并为开花结实创造条件。

（2）疏伐间隔期和疏伐强度系数　疏伐间隔期定为5年。根据5年间隔期树冠的力枝生长量确定树冠投影面积再确定平均单株营养面积，据此再计算林分保留株数和疏伐强度。

（3）判断疏伐对象的参数　要经2次定株均匀间伐，间隔期为5~6年。10年后，根据树冠发育和结实状况，划分性别型，即：偏雌、偏雄、中性和营养等型，就是说，疏伐时要判别立木性别型，要注意保留偏雌类型。利用结实层厚度、结实量以及雌雄花枝之比，制定性别型标准。雄花枝数与雌花枝数之比≤30:1为偏雌性树，雄花枝数与雌花枝数之比≥60:1为偏雄性；雄花枝数与雌花枝数比介于30~59:1为中性。疏伐采用下层抚育伐或定向间伐。

（4）确定保留株数参数　第一次疏伐后林分保留株数800~1 000株/公顷；第二次疏伐保留株数600~800株/公顷；第三次疏伐应红松个体性别状况而保留株数。将偏雌性树保留2/3，偏雄性树保留1/3。最后保留150~200株/公顷。

85. 红松开花结实有哪些基本特征？

红松是雌雄同株异花树种。红松不仅是用材树种，同时也是果树，花期较早，4年生苗木就能看到开雄花，6年生幼树看到雌花，8年生人工林已开始结果。红松结果期较长，从15年到200年都能结较多的饱满种子。花期在6月中旬，平均气温稳定在17~18℃的花期出现，花期不长只有3~5天，雌球花有3种颜色：紫色、绿色和绿紫色。雌花长2.0~2.5厘米，多分布在树冠上部轮生枝顶部或树头的上端。雄花红黄色、花穗长度1~1.5厘米，雄球花多分布在树冠的中部。

红松花粉为黄色，因花粉有两个气囊所以能飞散距离约5 000米，授粉后即为花粉管的生长期。花粉管生长期从开花的6月到第二年的5月。雌球在授粉当年不受精，第二年受精，雌球花发育成大球果。

86. 红松球果的大小变异?

红松不同产区、不同海拔高度、不同立地条件和不同个体间球果大小不同。最大的球果长度可达 20 ~ 23 厘米，最小球果长度为 8 ~ 10 厘米。天然林球果长度平均 13. 6 厘米；人工林球果长度 14. 9 厘米。一般在高纬度和高海拔地区球果较小，而在南部产区和中海拔（400 ~ 600 米）区，球果都大；地位级高、排水良好、土壤肥沃、降水量充足、湿度适中地区一般为大球果；反之球果体积偏小。单株母树结实球果数量多（超过 100 ~ 200 个），球果体积一般偏小。球果大小也受性别型和遗传特性制约。偏雄性结实量少但球果体积大，偏雌性结实量多但球果体积小。相同性别型的个体可分大果型、中果型和小果型。选择坚果型优树时，除了注意球果数量外，还要追求大果型。调查发现最大球果重达到 200 克，一个球果有 200 粒种子。在大年时，种子产量相当高，平均单株树结球果达 100 多个，最多的树可达 500 多个，1 公顷面积能产 2 720 千克球果，折合种子 1 500 千克。

87. 红松结实量受哪些因素制约?

据资料报道，红松结实量多少受林分的种源、组成、林龄、地位级、郁闭度、个体的遗传特性、林分地理位置、森林植物条件等诸方面的影响（表 6）：

表 6　红松种子收获量表

林种	天然林 200 年	人工林 40 年	商品种子林 40 年	种子园 15 年	种子园 30 年	坚果林 10 年	坚果园 30 年
红松（千克/公顷）	150 ~ 600	150 ~ 200	300 ~ 400	200	400 ~ 500	100	800 ~ 1 000

88. 不同起源的红松林结实有多大差异?

天然红松林开始结实期和结实株数与全光条件下人工林有很大的不同，见表 7。

表7　红松天然林和人工林结实期和结实株数比较表

天然林		人工林	
树龄（年）	结实树木（%）	树龄（年）	结实树木（%）
20	0	15	6
80	40	20	58
110	50	24	82
140	80	30	90

89. 同一人工林内为什么红松个体间的结实量不同呢？

红松是属于多态基因的树种，个体间性别型不同，所以它们之间的结实量不同。根据前苏联红松育种专家季托夫的多年研究，西伯利亚红松在阿尔泰山结实情况：平均雌性树结果数为102±3个；中性树为55±6个，雄性树为21±3个。在95%可靠性之下，它们之间是明显区别的，性别型与林木结实量呈直线关系。结实型树冠发育、结实层厚度和收获量间存在着很高的相关性，结实与冠长相关系数为0.84～0.87，结实与结果枝相关系数0.80～0.93。

西伯利亚红松的花粉量和雌雄球花量取决于遗传特性。偏雌性化作用就制约了花粉量和花粉体积。偏雌性树结实量高于中性和偏雄性树的结实量。所以在选择结实量大的优树时，应当充分利用性别型特征的规律。参看表8。

表8　80～100年西伯利亚红松不同性别型的雌雄球花及花粉量表

年　份	雌性树	混合型树	雄性树
小孢子叶（个）			
1977	1 250±200	2 570±250	3 690±430
1978	1 830±170	2 960±260	4 100±460
1979	2 230±330	3 240±360	4 280±370
1982	3 730±370	5 440±380	7 950±680

（续）

年　份	雌性树	混合型树	雄性树
大孢子叶（个）			
1977	132±19	49±9	37±7
1978	196±12	100±11	48±9
1979	175±9	82±11	37±8
1982	209±15	110±9	36±7
花粉重量（克）			
1977	108±23	471±45	690±42
1978	194±29	485±36	715±29
1979	281±61	525±40	750±48
1982	428±47	872±60	1 234±58

90. 如何认识红松枝的性别？

确定红松果枝的性别型主要根据雌花枝、雄花枝和营养枝的数值比；修枝也必须要认识红松枝的类型。一般把红松芽发育成枝划4种。1. 芽发育成无性枝，即营养枝；2. 芽发育成大孢叶球，称之雌花枝，即由营养枝+大孢子叶球；3. 芽发育成小孢子叶球，称之雄花枝，即由营养枝+小孢叶球；4. 芽发育成混合枝，即由大孢子球、小孢子球和营养枝所组成（图4）。当大年时，雌花量、雄花量都开大很多，往往红松球果累累，压断果枝是多见的。这样需要疏花疏果、减少树体营养消耗，打破红松大小年是重要措施。

91. 为了提高红松结实产量如何修枝？

（1）修枝年龄　修枝主要在幼龄林和中龄林中进行。当红松坚果林和人工林营造15年后进入生长旺期，树冠下部开始出现枯死枝，一级侧枝加粗，树冠内枝条浓密，如果不及时修枝，将影响树冠充分受光，最终将影响结实，因此，要及时修枝。修枝时，应选择生长旺盛，树干及树冠没有缺陷的林木。树干弯曲、

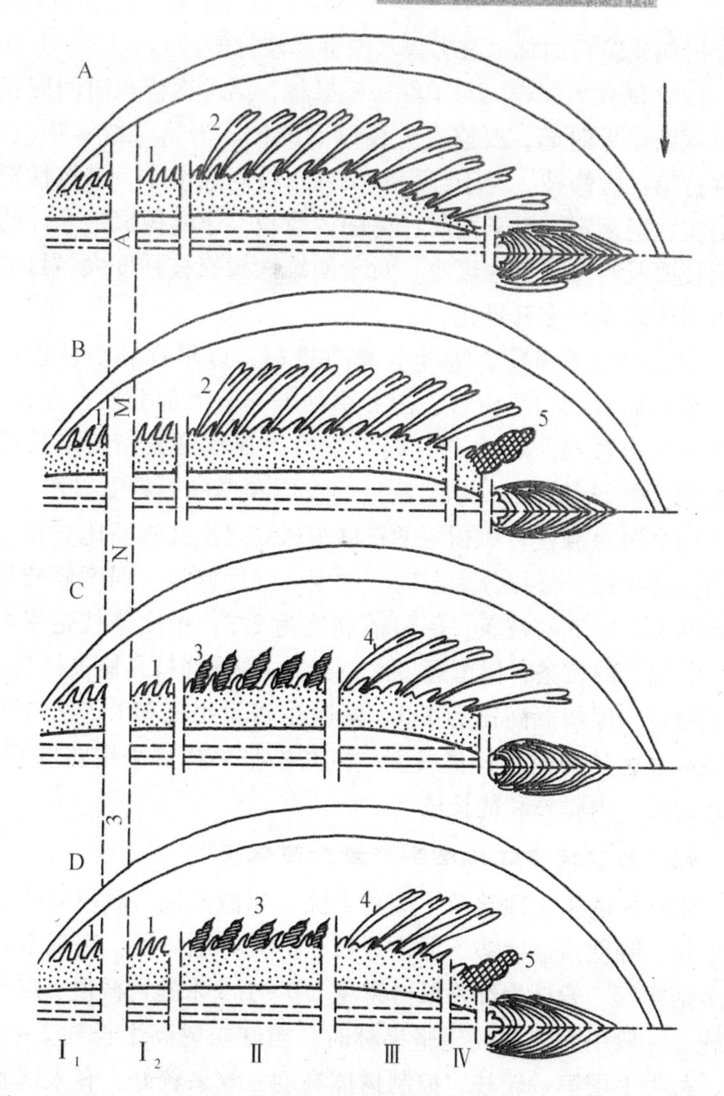

图4　红松芽发展成枝的过程图

出现日期：I_1 秋天；I_2 春天；Ⅱ（6月）；Ⅲ（7月）；Ⅳ（8月）

芽的类型：A. 无性芽；B. 雌花芽；C. 雄花芽；D. 两性花芽

1. 芽鳞；2. 短枝；3. 小孢子叶球；4. 短枝；5. 大孢子叶球

部分损伤或腐朽的林木及劣势木没有修枝价值。

(2) 修枝间隔期　对于红松坚果林，第一次修枝时间应在树体出现结球果时起，要修去力枝以下的枝。当第二结实年出现，可进行第二次修枝。对于红松坚果林修枝间隔期小，是按性别型和结实状况确定，对于偏雌性树的内膛枝、影响树冠透光性的主要侧枝要及时修剪，强度小；对于偏雄性树修枝强度大。目的是促进树体高生长多开雄花。

(3) 修枝季节　在非生长季节进行，以早春和晚秋进行最好。早春修枝切口易愈合，因冬季林木养分大部分贮存在根部，修除一部分枝条，林木养分损失不大。晚秋修枝，切口长期暴露在寒冷气候条件下，切口附近的皮层和形成层易受损伤。

(4) 修枝强度　以树冠的长度与树高之比（冠高比）作为修枝的强度指标。修枝分为弱度、中度、强度修枝。弱度修枝是修去树高 1/3 以下的枝条，保留冠高比为 2/3；中度修枝是修去树高 1/2 以下的枝条，保留冠高比为 1/2；强度修枝是修去树高 2/3 以下枝条，保留冠高比为 1/3。松树在修除死枝和 1/3 活枝条时效果最好，其胸径生长量最大。但红松坚果林只采用弱度修枝，仅修力枝、内膛枝和徒长枝。

92. 为了提高红松结实产量如何截顶？

将红松的主干顶端及主侧芽去除，叫做截顶。截顶能够抑制高生长，降低顶端优势，促进分杈，扩大树冠体积。实现多开雌花多结实。一般认为红松果树树高 1.0～1.5 米施行截顶、定干的措施。一般用人工林改建坚果林时，当红松树高生长到 2～3 米时，截去上层第一轮枝，控制树体高度，效果较好。有人试验发现，截去林木上层轮枝层数不同，对林木结实效果的影响不同，截去 3 层轮枝，结实量超过对照 68.3%，为最高。

93. 红松坚果林如何与经济作物混交？

红松坚果林栽培密度一般为 4 米 ×5 米、5 米 ×5 米、5 米 ×

6米、6米×6米、8米×8米。每公顷分别栽植500株、400株、330株、270株、156株，这样建园后，需要积极栽植经济植物（果树、药用植物、花卉植物），实现复合经营，充分利用土地资源，实现以短养长，长短结合。据查证，可以播种黄豆、玉米、小麦；栽植寒地小苹果、黑豆果、李树、树莓（黑、红）；药用植物五味子、刺五加、玫瑰、月见草；藤本植物山葡萄、软枣子、狗枣子、葛枣子；花卉植物玫瑰等。具体混交方法，因混交树种不同而不同。

94. 促进红松母树结实的疏伐方式是什么？

要实现种子的稳产高产，还必须采取一定的技术措施，如卫生抚育采伐和疏伐，以及土壤管理、病虫害防治、施肥等等。但就目前情况看，应用最广的、最实际的技术是疏伐促进结实。疏伐促进结实是一项技术性很强的工作，因为分布不同地段的红松母树应该有相应的技术指标，从而诱导树木使花原基发育生出繁殖芽（花芽），而不致成为休眠芽和败育芽，以达到提高繁殖芽比例的目的。因此，必须掌握好各个技术环节。一般来说，疏伐促进结实技术应注意把握好以下原则：红松天然林内，垂直郁闭度很大，结实的红松母树多处于林冠第一层，但第二层郁闭度通常不大，所以疏伐的对象，首先是受病虫害危害的林木、站杆、腐朽木、秃头木、双杈木、机械损伤木，其目的是改善林分的卫生状况。其次要伐除生长落后的劣等母树和部分阔叶树种，以扩大保留木的营养面积。

在混交林中首先要伐除非目的树种，以达到保护纯林的目的。但是有些阔叶树种，如桦树、椴树、栎树等对红松的生长发育和土壤肥力起着良好的作用。因此，要适当予以保留。为了最大限度地利用土地和避免母树风倒现象，疏伐时应注意不要形成过大的空地，尽可能使最后保留的母树能均匀地分布于林地上。疏伐要逐渐进行，避免环境发生剧烈变化，影响母树生长和风倒折。因此疏伐强度每次不宜超过10%，要分两次或三次进行，前后可隔5年左右，疏伐后母树林郁闭度不应低于0.5～0.6。在林缘和风口处要设置防护林或者设置保护带，还进行疏伐。

95. 什么叫“丰产型树体结构”?

“丰产型树体结构”主要是属于偏雌性树。其营养面积利用率，枝叶总量及花果数量等，都适当地协调配合，而且能够实现长期高产、稳产、优质的统一和谐空间结构。具体表现：树冠宽度与树冠长之比大于0.8，结实层厚度厚，结实层厚度与树冠长之比大于0.7以上。“丰产型树体结构”的整形措施：当高度达到1.5～2.0米时就要截顶，修内膛枝、力枝、病枝、弱枝、徒长枝等。而“授粉树结构”表现为树干较高大，树冠较窄，结实层厚度较薄，冠形属于尖塔形，一般不截顶和修枝（图5）。

图5　丰产型树

左：偏雄性树；右：偏雌性树

96. 红松坚果林的建园初期综合利用的理论基础是什么?

一般红松坚果林的定植密度为600～800株/公顷，这样在20～25年前，果林基本上未郁闭完备，留有一定空间。红松果林中兼作榛子刺五加，既可在红松果林建设中、早期得到经济效益，又可以利用榛林改善林地的土壤肥力和生态环境，可一举两得。根据实际抽查结果，榛子完全可以与红松果林混交造林，两个树种的生长阶段有3种，第一种是处于同一林层，8～14年。第二种是15～20年，红松开始处于上层，第三种20～25年后红松林明显占优势，此时，受光线遮挡影响，榛子的产量明显降低，要伐除榛子。

97. 人工红松纯林改建果材兼用林主要步骤是什么？

（1）确定林龄　红松人工用材林改建果材兼用林的林龄确定在15~20年，超过30年改建效果不佳。

（2）确定疏伐强度　为给红松创造良好生态环境，必须保持郁闭度0.5~0.6。林下应栽植药用植物（刺五加、榛子）或保留林下木或营造肥料木，达到保持水土、涵养水源、提高地力的目的。红松果材兼用林疏伐间隔期定为5年。

（3）疏伐对象　根据红松母树开花结实状况可将立木划为偏雄、偏雌、中性和营养等型。伐除偏雄性树木，保留偏雌型树和中性型树。

98. 红松人工林改建果材兼用林后如何提高结实量？

据测算，40~50年生红松林松籽产值基本可与木材产值持平，这是红松果材兼用林之所以成为高效商品用材林的重要原因之一。研究表明，同一林分内，采取截干措施后，丰产效果在第二至第三个结实周期达到顶峰，当梢端侧枝经过竞争再一次形成中央主干以后，效果逐渐消失；截干高度控制在截去3~4层以上主梢的效果相对好些，由于截干后侧枝替代主梢形成的新主干具备一定的粗度和力度，能够满足林木结实的需要，此时林分的郁闭度控制在0.4~0.6效果较好，而且要结合红松修枝措施。

99. 10年生红松果树地上部构造？

10年生红松地上部分构造如图6所示。

100. 如何利用和处理砧木的辅养枝？

为了加强树冠整体的生长量或生长势，补充接穗足够的营养，在高枝嫁接苗生长的初期尽量留用砧木各级骨干轮生枝上的辅养枝，以增强树冠整体的生长势，随着接枝生长量和生长势的增加，方能逐渐减缩辅养枝。如果操之过急，把砧木的树头全部剪去，这样接枝缺少足够营养，造成不能越冬，降低嫁接苗保存

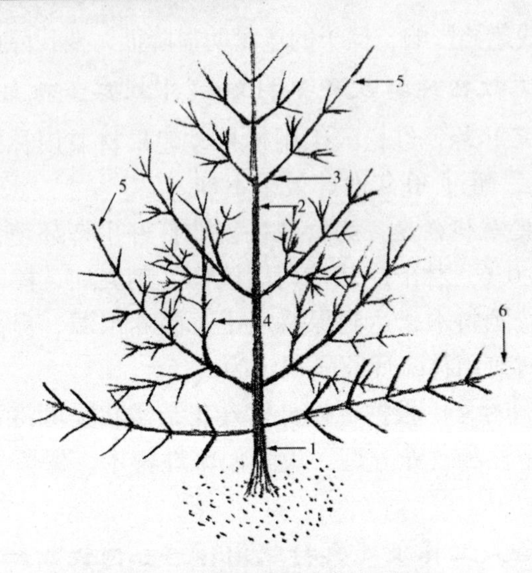

图6 红松果林地上部构造图

1. 主干 2. 中央领导枝 3. 骨干轮生枝
4. 徒长枝 5. 竞争枝 6. 水平枝（力枝）

率。如果异砧嫁接，将樟子松主干枝提前剪去，即缺少辅养枝，造成红松接枝直径粗度大于砧木的直径粗度，形成“象脚”现象，这样很容易遭到风害和雪压害，辅养枝一般保留时间较长为好，但也要看树势，应保存3~5年。

101. 什么叫“顶端优势”？顶端优势与整形修枝有什么关系？

“顶端优势”就是居于主干顶端或侧枝的顶端的枝、芽，一般生长势较强，其下的枝、芽的生长势依次减弱的现象。顶端优势受植物激素控制，凡是垂直位置高的，一般都具有较强的生长势。红松果树嫁接时，及时修剪砧木的顶梢或侧梢就是限制顶端优势，促进接枝生长。如果不及时剪砧木，往往造成接枝受抑制，影响越冬、成活，使嫁接失败。利用顶端优势的修剪方法才能搞好红松果树修枝。

102. 什么叫“分枝角度”？与修剪有什么关系？

“分枝角度”是指轮生枝与其中央主干之间平面夹角，或次级轮生枝与其主轮枝之间夹角。分枝角度大小与红松性别型及丰产树的分枝部位有密切关系。偏雌性的丰产树分枝角度较大；偏雄性的授粉树分枝角度小，对分枝角大的树宜采用开心形整形；对分枝小的树一般不整形。

103. 红松坚果树如何掌握正确修枝技术？

修枝、整形是果树生产中一项必不可少的重要栽培技术。红松果树修剪属于轻修剪的果树一种。它的整形措施也比较简单，主要有截顶，在高度达到1.5~2.0米时，截去主干顶端，轮生枝代替主干枝，人为创造多头。修枝主要是去除病枝、弱枝、徒长枝、下垂枝、内膛枝、力枝。主干上的每一层轮生枝一般保留3~4个侧枝。而且上下层轮生枝之间枝条分布要均匀不要重叠，保证透光充分，但对霸王轮生枝（竞争枝）要修剪，限制其生长。

104. 改造的红松坚果林具体修枝、整形技术是什么？

红松果树如何修剪砧木的枝条？处理不好往往造成接枝死亡，或生长势减弱。修剪砧木一定要留树橛（图7）。

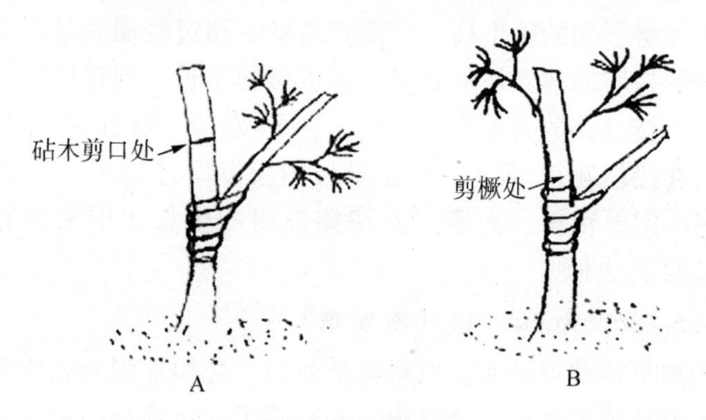

图7 留树橛的位置

苗橛可对嫁接枝起保护作用，免得一次剪除时，基部伤口大从而影响接枝生长（图7－A）。当接枝高生长和粗度生长完全超过橛粗度的1/3～1/2时，再将橛由基部剪掉（图7－B）。

剪大枝切口要按图8进行操作：粗枝先用手锯在枝的下方锯一切口，然后在枝的上方锯断枝，最后再去掉树橛，橛口要平滑，勿要留橛，锯口与树干平行为好，见图8所示。

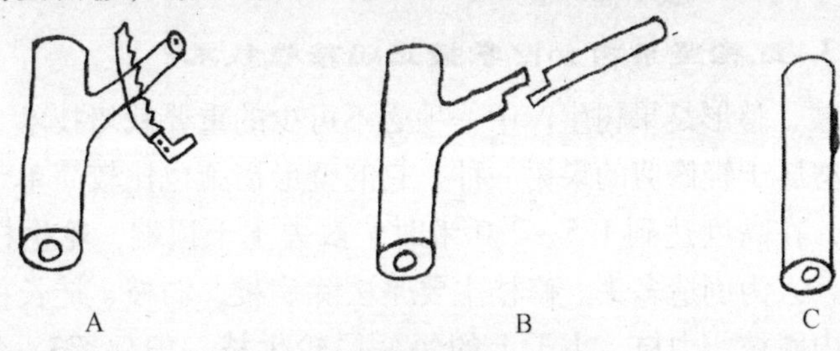

图8 剪大枝的步骤

红松嫁接樟子松时，常常采用髓心形成层贴接法。在修剪砧木时，千万不能一次去掉砧木上全部的枝，一定要逐渐修剪，而且头2年只剪顶端主枝，限制顶端优势，其高度要低于轮生枝高度，超过接穗的上端轮生枝，只抹芽或修剪顶梢，保留完整轮生枝；在接穗下端的轮生枝，只要其高度不超过接穗高度就不必修剪。目的是增加辅养枝的数量，促进接穗生长。到嫁接后第三年剪去轮生枝，并剪去1个粗壮轮生骨干枝，不能把所有轮生枝都剪去。在接枝粗度超过中央领导枝的粗度时才能剪去中央领导枝，但一定要留橛，去橛时间待接枝粗度生长比中央领导枝粗1/3～1/2再去橛。

105. 幼龄红松果树如何管理？

预想早期获得结实、取得经济效益，必须加强经营管理。新植林可以种植紫穗槐、草苜蓿、平欧榛子，达到提高和改良土壤的目的。造林一定要连续三年进行中耕和扩穴，连续五年除草，保证红松果树健康成长。当树高长到1.0～1.5米时，适当修去病枝、弱枝、徒长枝、霸王枝和力枝以及枯死枝。要及时防治病、虫、鼠害。当偏雌性树已开始结实，树高长到1.5~2.0米时，开始定干，限制高生长，要剪去中央领导枝顶芽和侧芽，进行截顶。

106. 红松造林地的松土除草次数？

红松造林地松土除草次数要根据造林地的环境条件、造林密度和经营水平等具体情况而定，一般从造林当年到幼林郁闭为止，大约需5年。松土多在春季进行，除草在夏季进行，一般造林初期幼林抵抗力弱，抚育次数宜多，后期逐渐减少。造林第1~2年，每年春松土1次，除草2~3次，第3~4年，每年除草1~2次。松土要考虑到林木根系分布和生长状况，疏松土壤深度，一般以4~8厘米为宜。松土时既要除掉杂草，疏松土壤，又要避免伤害红松主要根系。还应结合松土除草修整穴面，以便蓄水保墒。对于间种绿肥植物的，在种子成熟前，结合松土除草进行压绿肥，可将绿肥植物翻入穴内，以增加肥力，但不能伤红松苗干和根系。

107. 红松果林为什么要进行修剪？

红松是高大乔木果树，树体宽大，树冠波散开张，枝叶繁茂，结果期百年以上。其生长和结果特性与修剪相关的问题，至今尚未引起高度的重视与研究。目前，有人认为红松果林修枝效果不明显，不修枝也能够按期开花结实。其实不然，红松树体高大，树冠由雌花层枝层、雄花层枝和营养枝层组成（图9）。通过修枝能够合理地控制树体结构、协调树体各部分平衡关系，解决生长与结果的矛盾，改善养分积

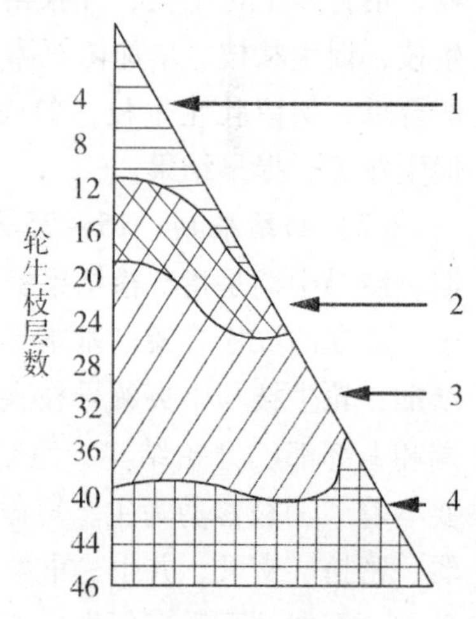

图9 红松树冠生殖层构造图

1. 雌花层 2. 混合层 3. 雄花层 4. 具有死枝营养层

累与消耗的矛盾。通过修剪控制高生长，调整养料分配，所以说红松果林修剪措施是十分必要的，不能忽视。红松果树修枝的部位多对死枝营养层修枝。

108. 红松果树一生中分哪几个年龄时期，各年龄时期主要修剪任务是什么？

红松的一生，一般可以分为优树期、初结果期、中结果期、盛果期和衰老期5个年龄时期。各个年龄时期的生长结果特点和修剪任务如下。

(1) 幼树期 是从幼苗嫁接，到第一次结果的一段时间，一般6~15年。因砧木树种和砧木状不同而不同，且有明显变化。高接在樟子松上的红松接穗，嫁接后3~5年有30%嫁接树结果，能够比矮砧嫁接的红松提前3~5年。在幼树期中，骨干枝生长旺盛，新梢粗壮，常能产生二次生长。顶端优势明显，轮生枝数目较多，树势强健，树冠直立。幼枝期的修剪本着“选留强轮生枝、培育骨干轮生枝、开张角度、扩大树冠、疏截结合，截短轮生枝，促生壮枝、增加树冠体积、促使结果”的原则。根据整形的要求，保留壮轮生枝，剪去弱枝和内膛枝。培养为结果枝层、促生花芽、提早结果。

(2) 初结果期 15~25年期间，从开始结果到进入结果中期。结果中期是指红松结果量中等期。一般每株座球果约25~50个。此期的红松骨架已基本形成，树冠扩大迅速。随着结果量的增加，轮生枝与中央领导枝夹角渐次增大，轮生枝粗长。树冠顶端和上部都已开始结实，但结实量不多。初果期的红松修剪时，要本着“力枝修剪为主、短截为辅、适当缩剪”的原则，疏除细弱、密挤、交叉、并生、重叠枝条，主要改善树冠内透气和通风条件。细弱的下垂多年生枝条以及病、枯轮生枝。

(3) 中果期 该期是指盛果期的前期。树龄为25~50年。此时球果长度稳定，种子千粒重最重。树体生长旺盛，树势健康、树冠宽大、性别型表现充分。该期修枝任务主要扶壮结果枝的质量和增加球果枝的数量，对促进开花、坐果都有重要的影响。同时，骨干轮生枝已经分划成雌花层、雄花层、营养枝层。因此，要逐年修剪树冠的力枝和修去轮生骨干枝的营养枝层或内膛枝。

(4) 盛果期　这个时期，从开始大量结果起到衰老以前结束。树龄在50~150年。修枝方法和修枝强度尚未研究。仍然要掌握“疏剪为主、短截为辅、适当缩剪”的修剪的原则维持结果母枝发育健壮，促结果枝复壮。

(5) 衰老期　这个时期，球果产量迅速下降，生长衰弱，枯枝逐年增加。无有修枝价值。

109. 红松坚果林内如何挖排水沟和拦水沟？

红松坚果林可顺地势在园内及四周挖排水沟，防止内涝。山地红松坚果林在其上部挖截水沟，防止冲刷，在山地中部建立梯田，在梯田内侧挖排水沟，将多余的水排出，引入沟内的谷坊或小塘坝内。对遭受涝害的红松树，应立即排出积水，并及时松土，改善土壤的通气状况，使其根系尽快恢复生理机能。

110. 红松坚果林内如何修梯田？

修梯田采用“深挖高筑”的方法，要从山上开始向下修筑。根据坡度大小，在栽植沟下方挖宽1米的沟，用从沟中挖出的土修筑梯田壁，直至梯田壁高出栽植沟20厘米左右时，再用沟下沉的土将沟填平，同时整平梯田面。梯田面要求外高内低，

图10　梯　田

即“猪噘嘴，倒流水”。梯田壁要稍高于梯田面，在梯田面的内侧挖一条排水沟，以防止雨季因雨水过多造成梯田面积水和冲刷梯田壁（图10）。建立坚果林时将树行留在梯田面外侧的1/3处。

111. 如何修撩壕？

撩壕是横着山坡，隔一定距离修一条条的等高沟与土台。一般先栽红松后撩壕。把红松栽在顶台顶上。修撩壕能拦住雨水保存在沟内；在水过多时，也会沿着等高线缓慢的排出。

撩壕整地：撩壕整地比水平带整地在改善土壤条件、保持水土、促进红松生长方面有更大的优越性。撩壕整地的带面宽度和带间距与水平带整地相似，整地分3步：第一先挖水平带；第二在水平带的外侧作高度和宽度分别约15厘米的土埂；第三在土埂内挖壕，深度0.5~1.0米。

第七章　红松病害防治

112. 如何防治种实霉烂病?

种实霉烂可发生在种实收获前，也可发生在种子处理环境中和播种后的土壤中，但主要发生在贮藏库中。种实霉烂既影响种子质量，降低出苗率和食用价值，又对人畜有害。能够致癌的黄曲霉毒素就是由引起种实腐烂的真菌分泌的。

病害症状

引起种实霉烂有很多种真菌和细菌,表现的症状也不同(图 11)。

青霉菌类 *Penicillium* spp.：霉层中心部呈蓝绿色或灰绿色，有的呈黄绿色，边缘都是白色菌丝。

曲霉类 *Aspergills* spp.：种皮上的菌丝层稀疏，在放大镜下可见有大头针状的子实体，呈褐色或黑色，被害种子种皮腐烂，烂芽或不萌发。

交链孢菌 *Alternaria* spp.：霉层毛绒状，黑色中显绿，边缘白色。常使种子不萌发或萌发后烂芽。

葡枝根霉 *Rhizopus stolonifer*（Ehrenb ex. Fr.）Vuill：种皮上长细长白菌丝，老熟后菌丝上生出的小黑点即孢子囊。只在少数情况使种子萌发后烂芽。

镰孢菌类 *Fusarium* spp.：在种皮上发生白色霉层，中心逐渐变为红色或蓝色，最后生出小水珠，少数情况下破坏幼芽。

细菌类：被害种子表面有黄油状或白蜡状菌落，若种皮有伤口时，细菌可侵入种子内部，使种子糊化，不能发芽。

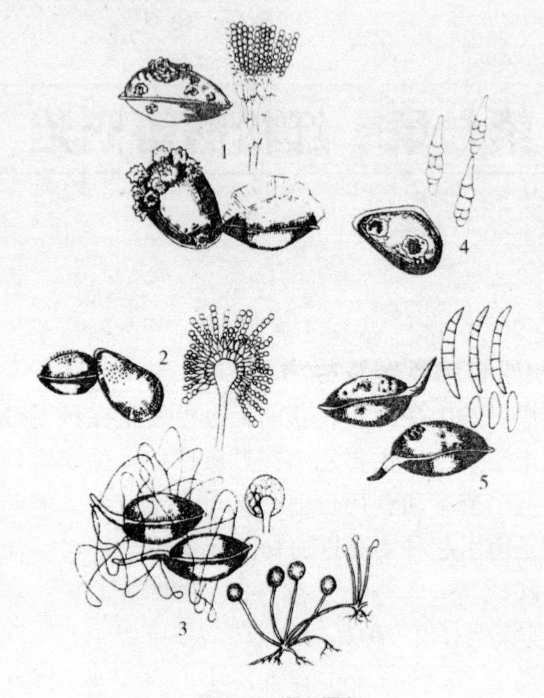

图11 种实霉烂

1. 青霉菌引起的种实霉烂 2. 曲霉菌引起的种实霉烂
3. 黑根霉引起的种实霉烂 4. 交链孢菌引起的种实霉烂
5. 镰孢菌引起的种实霉烂（仿李楠）

防治措施

①及时采收球果并堆放在通风处，及时晾晒。剔除坏种、病种和虫蛀种子，干后贮藏。在储藏前要消毒贮藏库，库内保持0~4℃为好，并保持通风。

②用砂埋种子催芽时，最好用0.5%的高锰酸钾液浸种15~35分钟，然后洗净再混砂，砂子先用40%甲醛1∶10倍液喷洒消毒，30分钟后散堆，待药味散放后再用。

113. 如何防治苗木猝倒病?

该病害主要由茄丝核菌 *Rhizoctonia solani* Kuhn、腐皮镰孢菌

Fusarium solani (Mart) App. et Wollenw 和坚孢镰孢 *F. oxysporum* Schl.、德巴利腐霉 *Pythium debaryanum* Hesse 和瓜果腐霉 *P. aphanidermatum* (Eds.) Fitz. 引起的，危害多种树木苗木和农作物，属常见多发病，如管理不善可造成苗木绝产。

病害症状

因为病害发病时期不同，表现出 4 种类型（图 12）。

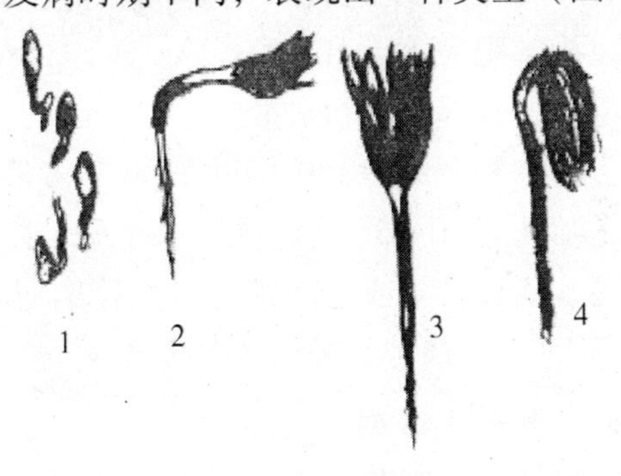

图 12 猝倒病

1. 种芽腐烂型 2. 猝倒型 3. 立枯型 4. 茎叶腐烂型

种芽腐烂型：在播种后至出土前，种子和幼芽被病菌侵染，种芽组织被破坏而腐烂，在苗床上出现缺苗断垄现象。

茎叶腐烂型：不论苗龄大小，若苗木过于密集、湿度过大或撤出覆盖物过迟，病菌就会侵染幼苗茎叶而使之腐烂。有时在枯死的茎上产生小菌核。

幼苗猝倒型：幼苗出土后，嫩茎尚未木质化，病菌自根茎处侵染，产生褐色斑点，迅速扩大呈水渍状腐烂，随后苗木倒伏。此时苗木嫩叶仍呈绿色，病部仍可向外扩展，这种症状多发生在幼苗出土后的 1 个月内。在苗床上通常成片发生。

苗木立枯型：苗木茎部木质化后，病菌难从根茎处侵入，在发病的条件下，病菌侵入根部，引起根部皮层腐烂，苗木枯死而不倒伏。此类型也叫根腐型立枯病。

防治措施

①选苗圃地应避免用菜地，或者进行消毒后再播种育苗。苗圃地要地势平坦，排灌水方便，以沙质壤土为好。

②土壤消毒。播种前向苗床喷3%硫酸亚铁液，5~7天后再播种。

③合理施肥。施肥要以施腐熟的有机肥为主，无机化肥为辅，施肥方式以施基肥为主，追肥为辅。

④适时排灌水，掌握水温和水量。

⑤发现病害后，要喷1∶1∶120~170的波尔多液，用1%硫酸亚铁液防治时，喷药后10~30分钟后用水冲洗，避免发生药害。

⑥适时播种。播种过早或过迟都易发生猝倒病。在发生猝倒病的苗圃，提前1~2天播种，可以减少病害发生。

114. 如何防治松针锈病?

该病害是由凤毛菊鞘锈菌 *Coleosporimum saussureae* Thüm 引起的叶部病害，该病菌完成一个生活史，需要两种寄主植物，即性孢子和锈孢子在红松针叶上，而夏孢型锈孢子和冬孢子生在转主寄主如泽兰、升麻或凤毛菊等植物上。幼树针叶受害后影响树木生长，严重时可使幼树枯死。

病害症状

感病针叶开始产生退绿的黄色段斑，其上生蜜黄色小点，后变黄褐色至黑褐色，为病菌的性孢子器，随后在段斑上出现橙黄色疱囊，为锈孢子器。锈孢器成熟后开裂，散放出黄色粉状锈孢子。重病树，似喷洒一层黄粉。病叶上残留白色膜状包被，病叶枯黄脱落或病斑上部枯死（图13）。

防治措施

①造林地尽量选择松针锈病转主寄主（泽兰、升麻、凤毛菊等）少的地块，或结合造林、营林措施，松土、锄草作业铲除转主寄主植物。

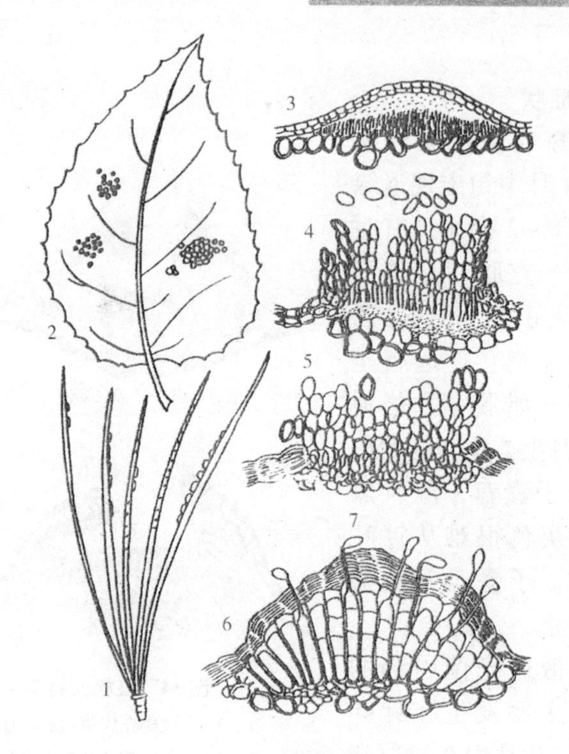

图 13 松针锈病

1. 松针上的性孢子器及锈孢子器 2. 风毛菊叶上的夏孢型的锈孢子堆（散生的）及冬孢子堆 3. 松针上横切面上的性孢子器 4. 锈孢子堆 5. 夏孢型锈孢子堆 6. 冬孢子堆 7. 担孢子（仿邵力平）

②病害严重时，可用下列药剂防治：0.3 波美度石硫合剂、45% 代森铵 100 倍液、50% 退菌特 500 倍液、65% 代森锌 400～500 倍液或 1∶1∶170 波尔多液，8 月中旬向红松上喷，大面积人工林可试制烟剂防治。

115. 如何防治红松落针病？

该病害由大散斑壳菌 *Lophodermium maximum* He et Yang 和寄生散斑壳菌 *L. parasiticum* He et Yang 侵染红松针叶后引起落叶，前者主要分布在辽宁，危害最重，后者分布东北三省人工林内，受害较轻。

病害症状

大散斑壳菌侵染红松针叶后，4月中旬出现退绿斑，长约1~2毫米，有时段斑内由于充脂而呈透明状，5月中旬以后，病叶开始全变为赤褐色，远望呈火烧状并开始脱落，落地针叶于6月上、中旬开始形成船形的子囊盘，湿时黑色，干时灰色很难从针叶上认出来。子囊盘开裂盛期为7月份。

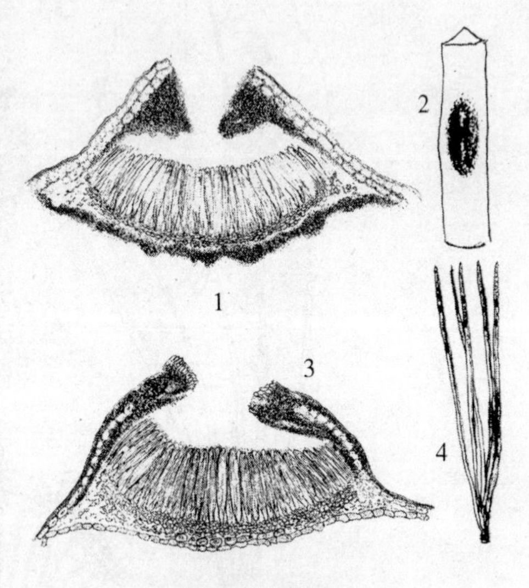

图14 红松落针病

1、2. 大散斑壳病菌及病害症状

3、4. 寄生散斑壳及病害症状

寄生散斑壳菌引起的落针病，主要发生在针叶的上半部，9月份在病部产生黑色的子囊盘（图14）。

防治措施

①引起该病害的两种病菌是近年来新发现的菌种，因此，向外输出苗木时要严格检疫，防止向外扩散。

②适地适树，营造混交林，成林后要及时抚育、修枝，保持合理密度。

③发病林分在7月份施放硫磺烟剂或百菌清烟剂防治，也可喷代森铵液剂防治。

④生物防治，辽宁省生产的农丰2号和农丰1号对该病有较好的防治效果。

116. 如何防治松针红斑病？

该病害是由松穴褥盘孢菌 *Dothistroma pini* Hulbary 引起的，危害多种松树针叶，提早落叶，病重时只有当年生针叶保持绿色，影响树木生长。

病害症状

染病针叶，产生退绿斑点，逐渐扩大形成黄色段斑，后变成红色至红褐斑，在二针松上（如樟子松）2~5 毫米长段斑，而在五针上如红松病斑较长甚至整个针叶。在病斑上产生许多小黑点，为病原菌的分生孢子盘。病斑上部或整个针叶枯死（图 15）。

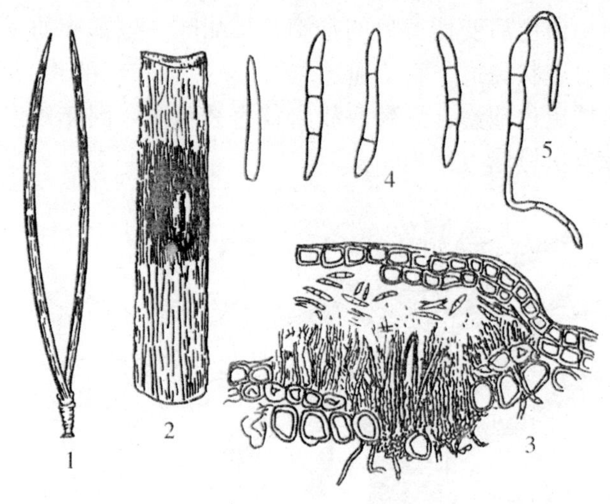

图 15 松针红斑病

1. 感病松针 2. 感病松针上红斑中的分生孢子盘
3. 感病松针切片 4. 分生孢子 5. 分生孢子萌发状

防治措施

①引入苗木以及造林苗木出圃时，要检疫，禁用病苗外运或上山造林。

②加强苗圃管理，清除病株残体，并运出圃地外烧毁或深埋，适时覆盖和撤出防寒土。

③病苗、病树可喷 75% 百菌清或福美制剂 500 ~ 800 倍液，15 天一次，喷 2 ~ 3 次。人工林郁闭后要适当修枝或用百菌清烟剂或五氯酚钠烟剂防治。

117. 如何防治松疱锈病？

该病害由茶藨生柱锈菌 *Cronartium ribicola* J. C. Fischer 引起，主要危害 20 年生以内的五针松的枝干皮部，致使树木整株枯死。

病害症状

发病初期在病枝干皮部开始出现淡橙黄色的病斑，边缘色淡，不易发现。病斑逐渐扩展并产生裂缝，8 月下旬至 9 月初在病部溢出初白色后变橘黄色的蜜滴，具甜味。生蜜滴的皮下部干后，呈现血迹状斑痕，叫“血迹斑”。第二、三年的 4 ~ 5 月，在病部长出橘黄色疱囊，囊破散放出黄色锈孢子。因年年发病，病部粗糙并溢出松脂（图 16）。

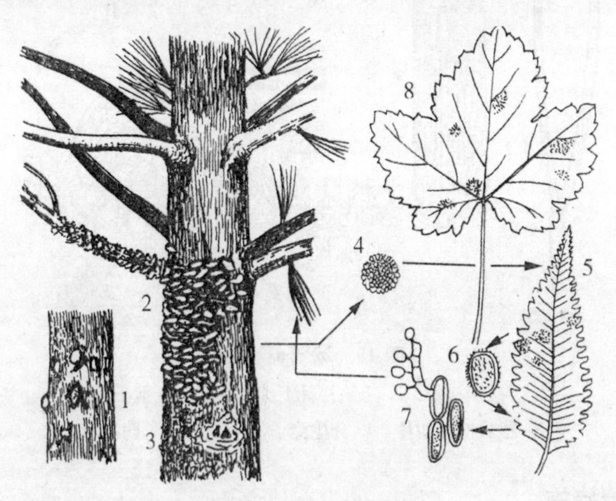

图 16　红松疱锈病

1. 发生在红松上的蜜滴　2. 红松枝干上的锈孢子器　3. 老病皮　4. 锈孢子　5. 叶上的冬孢子柱　6. 夏孢子　7. 冬孢子萌发产生担子及担孢子　8. 东北茶藨子叶上的冬孢子柱（引自《林木病理学》）

该病菌的转主寄主是返顾马先蒿和它的多枝变种穗花马先蒿及东北茶藨子、刺李、厚皮黑果茶藨子。在这些转主寄主的叶背面产生黄色斑，是病菌的夏孢子堆，后在此处长出毛状的冬孢子柱。

防治措施

①铲除苗圃周围的杂草及转主寄主植物，严禁病苗外运上山造林，结合幼林抚育锄掉转主寄主植物。

②发病率在10%以内的林木，可用松焦油原液、焦化蜡或875水刷剂（1%氢氧化钠+25%石灰+74%水）等涂抹病部，发病率在40%以上的幼林要进行皆伐，改造其他树种。

③成林后要及时修枝、间伐，通风透光。

118. 如何防治松烂皮病？

该病害由铁锈薄盘菌 *Cenangium ferruginosum* Fr. ex Fr. 引起，发生在多种松树的幼林内，危害枝干皮部，常引起树木枯死。

病害症状

树干病部的初期症状不明显，部分枝干上针叶变黄绿或灰绿色，渐变褐色而脱落，枝干病皮部因失水而收缩起皱，小枝被害则干枯死亡，表现枯枝病状。侧枝被病菌侵染，侧枝则逐渐向下弯曲，大枝或主干发病后，病部常流出松脂，发生溃疡呈烂皮状，病部一侧的侧枝条枯死，病部围绕树干一周后，导致整株枯死（图17）。

在病皮上长出铁锈色的盘状物，为病原菌的子囊盘，单生或几个簇生。子囊盘干后收缩皱曲，雨后遇湿又会展开。

防治措施

①加强幼林抚育，及时合理修枝，在幼林郁闭后，根据具体情况进行透光伐以增强树势。

②查明当地发病诱因，采取适当的防治措施，如果虫害严重时，要及时防治虫害。

图17 红松烂皮病（干枯病）

1. 病树外观，可见烂皮下陷，并流脂，生有大量病原菌子实体 2. 病菌子实体放大 3. 子实体纵切面图 4. 子囊及子囊孢子 5. 子囊孢子及其萌发状态 6. 侧丝 7. 性孢子及性孢子梗（仿《林木病理学》）

③在允许的条件下，在7、8月份喷1∶1∶100波尔多液或1.5～2波美度石硫合剂，树干上的病斑可用刀削去病皮后，涂以50%蒽油乳膏（1∶5），或35%汽油焦化蜡液。

第八章　红松虫害防治

119. 如何防治松梢象甲？

松梢象甲 *Pissodes nitidus* Roelofs 是东北地区危害红松最重要的害虫，在黑龙江省小兴安岭地区一年 1 代，以成虫越冬。幼虫取食影响红松生长，反复危害引起生长受阻、变形；顶梢枯死，长出一个或多个侧梢的杈干现象。松梢象甲危害是红松产生杈干的主要原因之一。

识别特征

成虫　体瘦长，8～9 毫米，暗赤褐色，混生白色鳞毛；头部和喙散布刻点，两眼之间洼。头部较小，喙稍向下方弯曲，复眼黑色；前胸背板长大于宽，散布深而密的刻点，中隆线略隆起，中部两侧有 2 个白色斑点。小盾片密布白色鳞片。鞘翅细长，两侧近平行，肩略明显，呈直角形，翅瘤明显。鞘翅上有 2 条向外上方倾斜的黄白色横带，前带呈橙色，后带主要为白色，但行间为棕黄色，鞘翅末端收缩，合缝处及鞘翅末端散生白色鳞毛。

卵　椭圆形，乳白色，产于当年生红松嫩梢髓心的产卵孔内。

幼虫　老熟幼虫体长约 8 毫米，乳白色，略弯曲；淡褐色；臀板上有 1 列弧形刚毛。

蛹　裸蛹，乳白色（图 18）。

防治方法

①利用假死性捕杀成虫。

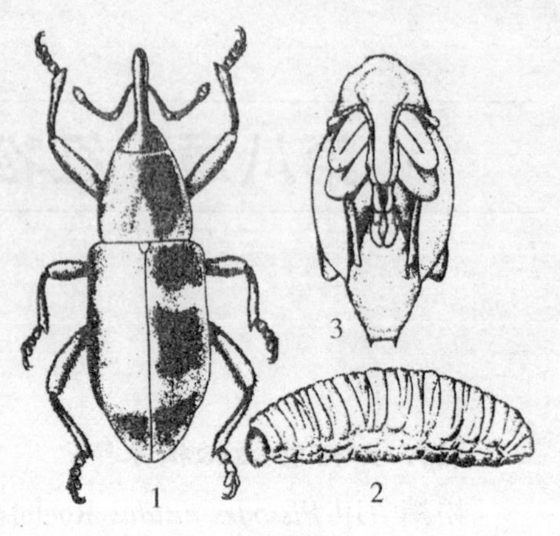

图18　松梢象甲

1. 成虫　2. 幼虫　3. 蛹

（引自《森林昆虫学》）

②松梢象天敌较多，从红松被害枝梢中已饲养出的寄生性天敌多达50余种，其中以广肩小蜂科、茧蜂科种类最多，应注意保护利用。

③成虫发生期，可选用2.5%溴氰菊酯10 000倍液；50～100毫克/千克的5%氟氯氰菊酯或20%氰戊菊酯等喷雾。也可用741插管烟雾剂，用量30～45千克/公顷，流动放烟，熏杀成虫。在成虫4月上旬上树危害或8月下旬下树越冬时，可用40%氧化乐果5倍液在树干上涂20厘米宽的毒环，或用2.5%溴氰菊酯3 000倍液作成毒绳围于树干上以毒杀成虫。

120. 如何防治红松切梢小蠹？

红松切梢小蠹 *Tomicus pilifer* Spessivtsev 是危害红松枝干的重要害虫，在东北一年1代，以成虫入土越冬。成虫危害红松新梢，钻入后取食新梢木质部和髓心部，造成新梢枯黄、折断，甚至使整株树木死亡。

识别特征

成虫　椭圆形，体长3.5～4.0毫米，雄虫体较小，老成虫为黑红褐色，几乎黑色，有光泽，刚羽化成虫为黄褐色，鞘翅端部为红褐色。

卵　短椭圆形，乳白色，大小0.8毫米×0.5毫米，产于母坑两侧卵室内，每室1粒。

幼虫　体长达4.5毫米，无足型，头部黄褐，幼龄幼虫为乳白色，略带粉红色；老龄幼虫为纯白色。

蛹 体长3.5～4.0毫米，纯白（图19）。

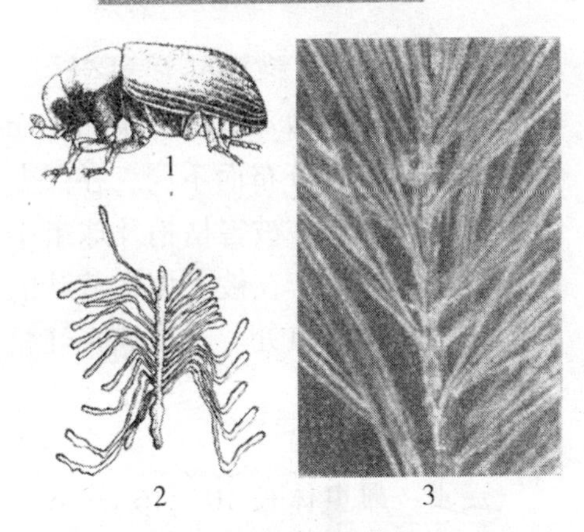

图19 红松切梢小蠹

1. 成虫 2. 母坑和子坑道 3. 被害状

防治方法

（1）*及时清理林地* 抚育间伐遗留的枝叶为小蠹虫提供了繁殖场所，导致虫口数量激增。因此，3月份以前要彻底清除虫害木、衰弱木、枯立木、倒木、风折木、雪折木，进行采伐作业时应及时将伐倒木及树杈梢头运出林外，不得在林内过夏。保持林内卫生，清除小蠹虫的繁殖场所，是防治小蠹虫最根本措施。

（2）*设置饵木* 于早春或晚秋在受害树木附近放置刚开始衰弱的松柏枝条、松木或柏木，引诱成虫潜入，每0.33～0.67公顷放置一堆，一堆可放直径在4～12厘米之间、长约1～2米饵木10根左右，放置饵木的时间要在小蠹虫侵入盛期前设置完毕，一般为3～5月份，到6月中旬，开始清理小蠹虫侵蚀的饵木，可进行剥皮、烧毁，或5%高效氯氰菊酯乳油喷药处理。

（3）*化学防治* 在越冬成虫4月下旬飞扬入侵盛期，可因地而异，使用40%氧化乐果乳油，80%敌敌畏乳油，或80%磷胺乳油100～200倍液，喷洒活立木枝干，歼灭成虫。也可以用以上药剂在7月下旬新羽化的成虫补充营养盛期，进行树干树冠喷洒，歼灭新羽化的成虫。

（4）*其他防治方法* 有条件的地区可以利用啄木鸟、郭公虫、隐翅虫和蛇蛉等天敌来抑制小蠹虫大量繁殖，还可以利用聚集信息素及引诱剂进行引诱防治。

121. 如何防治微红梢斑螟？

微红梢斑螟 *Dioryctria rubella* Hampson 主要危害松杉类。每年发生代数依地理分布而不同，在黑龙江、吉林一年1代，辽宁一年2代。以幼虫在被害枯梢及球果中越冬，部分幼虫在枝干伤口皮下越冬。卵散产在被害梢枯黄叶的凹槽处，少数产在被害球果鳞脐处或树皮伤口处。主要危害红松枝梢、球果和茎，是松类林分中的重要害虫。

识别特征

成虫　雌虫体长10～16毫米，翅展26～30毫米，灰褐色；雄虫略小。触角丝状，雄虫触角有细毛，基部有鳞片状突起。前翅暗灰褐色，中室顶端有一肾形大白点，白点与外缘之间有一条明显的白色波状横纹，白点与翅基部之间有两条白色波状横纹，翅外缘与缘毛处有一条直的黑色横带；后翅灰褐色，无斑纹。

卵　椭圆形，长约0.8毫米，一端尖，黄白色，有光泽，将孵化时樱红色。

幼虫　老熟幼虫体长20.6毫米，体淡褐色，少数淡绿色。头、前胸背板褐色，中、后胸及腹部各节有4对褐色毛片，上生短刚毛。腹部各节的毛片，背面的2对小，呈梯形排列；侧面的2对较大。腹足趾钩双序环式，臀足趾钩双序缺环式。

蛹　长椭圆形，长11～15毫米，黄褐色，羽化前黑褐色。腹部末节背面有粗糙的横纹，末端有1块深色的横骨化狭条，其上着生3对钩状臀棘，中央1对较长，两侧2对较短（图20）。

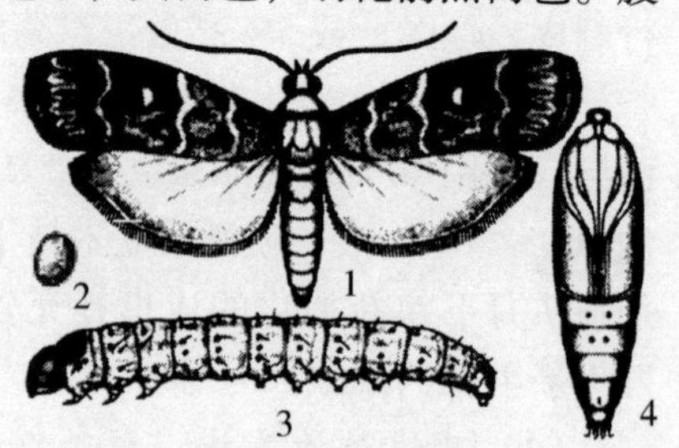

图20　微红梢斑螟

1. 成虫　2. 卵　3. 幼虫　4. 蛹

防治方法

（1）营林措施　防微红梢斑螟时，做好幼林抚育，促使幼林提早郁闭；同时要加强管理，避免乱砍滥伐，禁牧，修枝留桩短、切口平，减少枝干伤口，以防止成虫在伤口上产卵；在越冬幼虫出蛰前剪除被害梢果，及时处理。

(2) 人工防治　对于红松人工幼林，可利用冬闲时间组织群众摘除被害干梢、虫果；或于春季剪除被害枝，集中烧毁，可有效降低虫口密度。

(3) 化学防治　用85% ~90%敌敌畏乳剂30 ~80倍液喷射被害梢；种子园可用50%杀螟松乳油1 000倍液喷雾防治幼虫。

(4) 灯光诱杀成虫。

122. 如何防治松阿扁叶蜂？

松阿扁叶蜂 *Acantholyda posticalis* Matsumura 是松树幼林中的一种常见害虫，在我国大都一年1代，少数由于滞育两年1代。老熟幼虫在土室中以预蛹越冬。该虫通常在低密度的红松成林中爆发，随着大量营造红松人工林，松阿扁叶蜂成为一种红松林分中易发生的危险害虫。红松针叶一旦被该虫连续2年食掉75%以上，就会造成红松死亡。

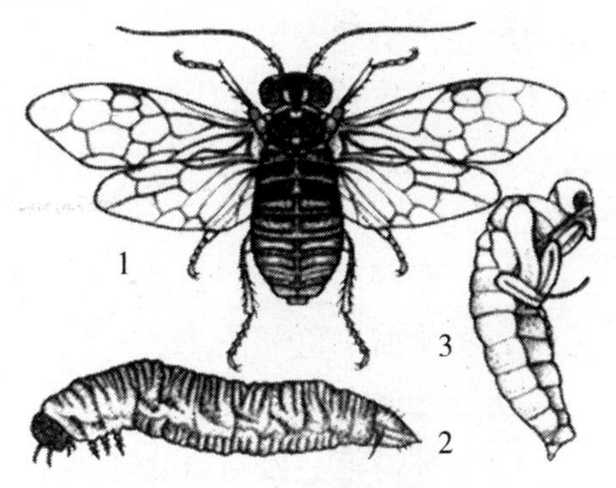

图21　松阿扁叶蜂

1. 成虫　2. 幼虫　3. 蛹

识别特征

成虫　雌虫体长13 ~15毫米，黄色。头胸部黑色，唇基大部、触角侧区上半部、中窝2侧斑、侧缝处长斑、眼内上侧斑、眼后区横纹、额与后颊之小部、前胸背板侧后角、翅基片、中胸盾片侧斑与部分小盾片、甚至后胸小盾片之部分、腹部背板两侧黄色，中胸前盾片后部、颈片腹面、前胸背板侧下部、中胸前侧片绝大部分、足基节大部分及腹板均淡黄或黄白色，触角柄节与尖端数节、足基节、转节、腿节后面大部分、头与胸部及腹部其余部分均为黑色有光泽；翅淡灰黄而透明，痣黄而脉黑褐色，顶角及外缘有暗紫色凸饰；额脊突起，中窝深卵圆形，横缝、冠缝、侧缝明显，头部刻点疏浅、触角侧区无刻点、后颊有脊，中胸前盾片无刻点、前侧片几光滑、盾片刻点细疏。雄虫体长10~11毫米；抱器黄色，眼内上侧斑无后伸之狭线，侧缝无斑，触角柄节背面、中胸盾片及小盾片黑色；头部、中胸前侧片刻点较雌虫稍密而粗，触角33~36节，其余同雌虫。

卵　长约3.5~4毫米，半月形，初乳白色，后污白色，孵化前肉红色，尖端变黑。

幼虫　体长15~23毫米。初孵头部黄绿，胸腹部红白色，后污白色；4龄背线和气门线紫红色，老熟时为浅黄至褐黄色，肛下板大。

蛹　雌蛹褐黄色，长15~19毫米。雄蛹浅黄色，长10~11毫米，羽化前黑色（图21）。

防治方法

①营林措施。松阿扁叶蜂多发生于纯林，林木生长稀疏有利于大发生，在造林及抚育管理时应予重视；

②用5%氟虫脲1 000倍液喷杀松阿扁叶蜂幼虫有很好的效果，若林地郁闭条件好的情况下可以考虑缓释杀虫烟剂，如0.6%林丹烟剂，烟剂用量为每公顷15千克，烟包放置密度为30米×20米。

123. 如何防治果梢斑螟？

果梢斑螟 *Dioryctria pryeri* Ragonot 主要危害针叶树。每年发生世代随地区而异，在东北一年1代，南方最多一年发生4代。以幼虫在球果、枝梢及树干皮缝内结网越冬。幼虫钻蛀和取食红松嫩梢和球果，严重影响生长和种子产量。

识别特征

成虫　体长9~13毫米，翅展20~30毫米，体灰色具鱼鳞状白斑。前翅红褐色，近翅基有1条灰色短横线，波状内、外横线带灰白色，有暗色边缘；中室端部有1个新月形白斑；靠近翅的前、后缘有淡灰色云斑，缘毛灰褐色。后翅浅灰褐色，前、外、后缘暗褐色，缘毛灰色。

卵　长径0.7~1.0毫米，短径约0.5毫米，扁椭圆形。初产卵为乳白色，孵化前变为黑褐色。

幼虫　老熟幼虫体长14~22毫米，蓝黑色到灰色，有光泽，头部红褐色，前胸背板及腹部第9~10节背板为黄褐色，体上具较长的原生刚毛。腹足趾钩为双序环，臀足趾钩为双序缺环。

蛹　长9~14毫米，宽3~4毫米，红褐色，头及腹末均较圆钝而光滑，尾端具钩状臀棘6根，排成弧形（图22）。

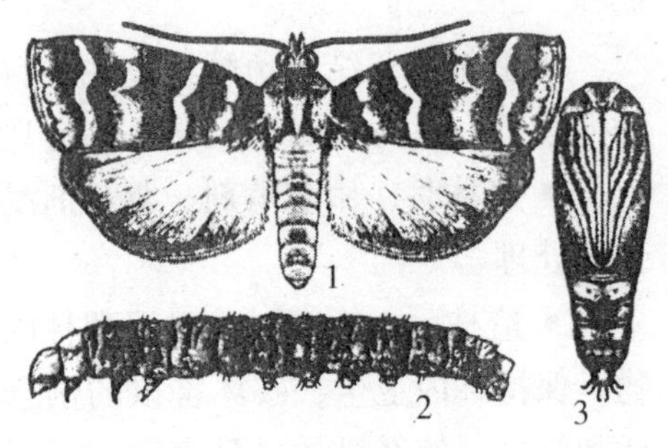

图22　果梢斑螟
1. 成虫　2. 幼虫　3. 蛹
（引自《森林昆虫学》）

防治方法

（1）人工防治　防治果梢斑螟越冬态幼虫主要在4~5月采取人工捕捉的方法，3龄幼虫身体有一层保护身体的光泽外表皮，药剂不易穿透，蜕皮后幼虫可继续存活，因而采取人工捕捉是这一时期最好的方法。

（2）化学防治　化学防治的最佳时期是卵孵化出的初孵幼虫时期，可喷洒50%二溴磷乳油或50%杀螟松乳油500倍液。

（3）生物防治　有条件的地方可考虑挂赤眼蜂，120万~150万头/公顷，但防治前必须掌握好赤眼蜂出蜂期和果梢斑螟卵期相吻合，观测中发现红松雄花散粉第三、四天，是果梢螟的卵期。还可以用含活孢子1亿~3亿个/毫升的苏云金杆菌液防治初孵及越冬幼虫。

124. 如何防治红松林鼠害？

危害林木的害鼠主要有棕背䶄、大林姬鼠、黑线姬鼠、花鼠、沼泽田鼠等，其中棕背䶄和红背䶄对红松、樟子松等人工林幼林危害较大，鼠环状啃幼树根部，甚至连10年以上中龄树也被鼠啃皮后死去，如遇秋季山野果歉收、冬季雪大时，鼠害更严重。一般春秋两季发生鼠害比较严重。红松林鼠害的综合防治措施主要有如下几种。

（1）生态控制措施

● 营造针阔混交林和红松速生丰产林，合理密植早日密闭成林。

● 造林前，结合鱼鳞坑整地进行深翻，破坏鼠群栖境；运出林内枝丫、梢头、倒木，改善林地卫生条件。

● 造林时，用防啃剂、驱避剂浸蘸根茎方法对红松幼苗进行预防处理。

● 造林后，抚育时及时清理林内断枝、梢头和灌木及藤蔓植物，保持林内卫生，破坏害鼠的栖息场所和食物资源，合理抚育伐和修枝，使红松林早日密闭。还可以将断枝、断梢及枝条堆积在林缘，引诱害鼠取食，以减轻对红松的危害。

（2）天敌控制措施

● 保持好红松林内生态环境，严格实行封山育林，严格实行禁猎、禁捕等项措施，保护鼠类的一切天敌动物，最大限度地减少人为对红松林生态环境的破坏，创造有利于鼠类天敌栖息、繁衍的生活条件。

● 在人工林内堆积石头堆或枝柴、草堆，招引鼬科动物；在人工林缘或林中空地，保留较大的阔叶树或悬挂招引杆及安放带有天然树洞的木段，以利于食鼠鸟类的栖息和繁衍。

● 有条件的地区，可以人工饲养繁殖黄鼬、伶鼬、白鼬、苍鹰等鼠类天敌进行灭鼠。

(3) 人工防治　对于红松林内害鼠种群密度较低时，可以使用鼠铗、地箭、弓形铗等物理器械，开展群众性的人工灭鼠；也可以采取挖防鼠阻隔沟，在树干基部捆扎塑料、金属等保护材料的方式保护树木。

(4) 化学防治　对于害鼠种群密度较大、造成一定危害的红松林，应使用化学灭鼠剂进行防治，如：溴敌隆等，但应适当采取一些保护措施，如：添加保护色、小塑料袋包装等。还可以采用0.2%磷化锌浸泡黄豆，或用马铃薯碎块拌上磷化锌放到林地里。

(5) 生物防治

①肉毒素。肉毒素是有肉毒梭菌所产生的麻痹神经的一类肉毒毒素，它是特有的几种氨基酸组成的蛋白质单体或聚合体，对鼠类具有很强的专一性，杀灭效果很好，但是，该类药剂在使用中应防止光照，且不能高于一定温度，还要注意避免小型鸟类的中毒现象。

②林木保护剂。林木保护剂是指用各种方法控制鼠类的行为，以达到驱赶鼠类保护树木的目的，包括防啃剂、拒避剂、多效抗旱驱鼠剂等几类，由于该类药剂不伤害天敌，对生态环境安全。结合春季造林采用P－1拒避剂浸苗造林，造林前用P－1拒避剂清水稀释两倍将苗木茎干浸入稀释好的药液中，完全湿润后，取出苗木直接造林。

③抗生育药剂。抗生育药剂是指能够引起动物两性或一性终生或暂时绝育，或是能够通过其他生理机制减少后代数量或改变后代生殖能力的化合物，包括不育剂等。

参考文献

丁宝永，张世英，陈祥伟，等.1994.红松人工林培育理论与技术.哈尔滨：黑龙江科学出版社.

李成德主编.2004.森林昆虫学.北京：中国林业出版社.

李继华.1989.嫁接的原理与应用.上海：上海科学技术出版社.

李景文.1997.红松混交林生态与经营.哈尔滨：东北林业大学出版社.

李学文.2000.寒地经济林培育实用技术.哈尔滨：东北林业大学出版社.

刘盛.1997.红松人工林修枝技术对林木生长和干形的影响.吉林林学院学报，2：80－85.

毛宝居，周胜利，徐清山，等.2006.果梢斑螟生物学特性的研究.吉林林业科技，35（2）：29－31.

齐明聪，陈文斌.1992.森林种苗学.哈尔滨：东北林业大学出版社.

石家琛.1992.造林学.哈尔滨：东北林业大学出版社.

王明庥主编.2001.林木育种学.北京：中国林业出版社.

王业蘧，等.1995.阔叶红松林.哈尔滨：东北林业大学出版社.

闻殿墀.1991.红松樟子松落叶松丰产林营造技术.哈尔滨：东北林业大学出版社.

薛长坤，李艳飞，聂维良，等.2000.松梢象甲的生物学特性及防治技术.林业科技，25（2）：27－28.

杨旺主编.1996.森林病理学.北京：中国林业出版社.

于绍夫编著.果树整形修剪问答.山东：山东科技出版社.

袁荣兰，来振良，吴英，等.1990.松果梢斑螟生物学特性的研究.浙江林学院学报，7（2）：147－152.

袁嗣令主编.1997.中国乔、灌木病害.北京：科学出版社.

张学民，刘玉华，周景清.2000.多毛切梢小蠹的生物学特性及防治.中国森林病虫通讯，5：30－31.

赵肯田，王继舜.1993.红松等苗木的生长与根系.哈尔滨：哈尔滨船舶工程学院出版社.

赵肯田，张世英.1993.苗木经营生理生态基础与实用技术.哈尔滨：哈尔滨船舶工程学院出版社.

周仲铭主编.1990.林木病理学.北京：中国林业出版社.